一生三靠 断谋说

林伟宸/编著

中国华侨出版社

图书在版编目(CIP)数据

一生三靠:断、谋、说 /林伟宸编著.—北京：中国华侨出版社,2013.8（2021.4重印）

ISBN 978-7-5113-3828-0

Ⅰ.①一… Ⅱ.①林… Ⅲ.①成功心理-通俗读物 Ⅳ.①B848.4-49

中国版本图书馆 CIP 数据核字(2013)第 176914 号

一生三靠：断、谋、说

编　　著	林伟宸
责任编辑	尹　影
责任校对	孙　丽
经　　销	新华书店
开　　本	787 毫米×1092 毫米　1/16　印张/16　字数/265 千字
印　　刷	三河市嵩川印刷有限公司
版　　次	2013年9月第1版　2021年4月第2次印刷
书　　号	ISBN 978-7-5113-3828-0
定　　价	45.00 元

中国华侨出版社　北京市朝阳区静安里 26 号通成达大厦 3 层　邮编：100028
法律顾问：陈鹰律师事务所
编辑部：(010)64443056　　64443979
发行部：(010)64443051　　传真：(010)64439708
网址：www.oveaschin.com
E-mail：oveaschin@sina.com

前言 Preface

著名教育家陶行知说:"滴自己的汗,吃自己的饭,自己的事情自己干,靠天靠地靠父母,不算英雄汉。"我们掌握着自己一生的主动权,就要做命运的强者,就要靠自己,但是,我们靠自己,靠的是什么呢?其实,我们靠的只有3样东西:断、谋、说。

断,讲究的是分析全局、明断是非、当断则断;谋,讲究的是运筹于帷幄之中,决胜于千里之外,掌握全局,见机而发力;说,讲究的是用良好的沟通方式成前所未有之大事;用出众的口才解决世间一切烦乱事。

人生靠断、谋、说,断为先,谋为次,说为后。人生的过程就是生活的过程,而生活的过程就是一个不断发现问题、解决问题的过程。

著名励志学家戴尔·卡耐基曾说:"一个人不能没有生活,而生活的内容也不能使它没有意义。做一件事、说一句话,无论事情的大小、说话的多少,你都必须先制订计划,先问问自己做这件事、说这句话有没有意义。你能这样做,就是奋斗基础的开始奠定。"

想要成为命运的强者,想要奏响命运的最强音,就要把断、谋、说3个关键因素发挥到极致。人生需要水与火的洗练才会迸发出激情。如果人生没有方向、没有依靠,就会变得索然无味,正因为有断、谋、说的加入,才会让人生的广度和深度无限延伸,才会让我们的人生不断创造奇迹。

人生最重要的不是努力,而是选择。在选择的过程中,你需要的是谋略和说话的智慧。人生的道路永远是未知的,但是,如果你向往光明,那么黑暗存在的唯一意义就是衬托光明。所有的黑暗只是我们人生的插曲,我们可以依靠断、谋、说的力量驱散黑暗,迎接光明。

雪莱说:"冬天来了,春天还会远吗?"只有相信人生美好,我们才能创造美好。有了断、谋、说的加入,我们可以做到最好。选择成功还是选择失败,你的人生由你做主。

杜布切克说:"你可以摧毁花朵,却不能阻挡春天。"对每一颗被命运摧毁的种子,我们都要重新播种。人生需要春天、需要阳光,我们就要拿起断、谋、说3件武器,去创造、去实现。

本书从断、谋、说3种人生智慧出发,借鉴古人,启迪来者,展现出古人、今人的智慧,让对人生迷茫的读者重拾信心,让成功的读者更加成功。断、谋、说,就像3把利剑,直指人心、深入人心。让本书为你的人生提供一个新的起点,让你的人生从此以后变得与众不同起来。

目录 Contents

断 篇
——理智判断，思其来路而明去路

想成大事者，关键在于一个"断"字。断其是非，明其黑白为一。圆志天下，了明局势为二。观其言行，知其心虑为三。三者环环相扣，缺一不可，思其源头方可预见未来，观其来路便已猜出去路何方。这个世界不是没有先知先觉，来去之间，"断"字尽显智慧。眼观六路，耳听八方，方为一生靠得住的精华所在。

"断"在时机——及时判断于先，果断行动其后
时不待人，人自待，断就要找准时机　　/002
及时判断，把错误扼杀在萌芽期　　/005
利弊权衡于先，机会断于其后　　/008
判断时机，蓄势待发，顺势而为　　/011

"断"在选择——取舍有道，才能受益良多

选择鱼还是选择熊掌？犹豫不决不如断然放弃　/014

在诱惑面前学会断然拒绝　/017

欲望有取舍，当断则断　/020

做事留有余地，选择重在判断　/023

打破惯性思维，让创新思维为决断开路　/026

"断"在胆识——破釜沉舟，以胆识力挽狂澜

大志在于胆，大事在于断　/030

勇于直面错误，做命运的强者　/034

无所畏惧是一种临危不乱的果断　/037

果断不是冒险，而是力挽狂澜的魄力　/040

"断"在多思——三思而后行，步步要经心

三思是为了更好地决断　/044

退而思，才能断而上　/048

越是浮躁，越要反思　/051

多思易胜，少算易失　/055

"断"在坚定——当断则断，坚定决心勇往直前

坚定目标，全力以赴 /058

坚定信念，苦难只是成功路上的毛毛雨 /061

砍断后路才能勇往直前 /065

勇敢迈出第一步，梦想就会照进现实 /069

"断"在冷静——每走一步路，断好十步路

问题面前，冷静判断是关键 /072

谨言慎行，为将来的强势崛起积蓄力量 /075

判断好方向，想好未来发展的路 /079

适可而止，不要锋芒毕露 /083

慧眼识才，贵在冷静判断 /085

谋 篇
——谋定后动才能大有胜算

  谋者，大智者也，胸怀坦荡、视野辽阔，阵局之下淡定从容，调兵遣将有张有弛，能辨明利己之势而抢占制胜先机。明细战略之后雷厉风行，棋盘之上变幻莫测却又出其不意攻其无备。正所谓天下之事在于谋定而后动，后动之时便要一招制人于千里之外。

"谋"在全局——运筹于帷幄之中，决胜于千里之外
  善谋于先，借力打力保周全　　/090

  牵一发动全身，细微之处见谋略　/094

  丢车保帅，谋全局者谓之神　　／097

  谋定而后动，和谐助发展　　　／100

  先知先觉，全面分析，以强胜弱　／103

"谋"在长远——学会用战略眼光看问题
  良禽择木而栖，贤臣择主而从　　／107

  放弃虚名一身轻　／110

  谦逊做人发展远　／113

  容人一时，成己一世　／116

"谋"在心理——以沉稳之心料风云变幻

重视自己，谋为己用 /118

承认失败，再谋未来 /121

能放能收，人生的境界才能呈现 /124

持之以恒，铸就辉煌 /127

"谋"在变化——出奇兵，才能制奇胜

用创新思维助己发展 /131

灵活机变，做环境的主人 /135

反客为主，主动行事解危难 /137

劣势之势，正是转机之时 /141

"谋"在执行——成竹于胸，就要贯彻到底

人生当立志，无志难成事 /145

杂而不精，不如专一而精 /148

老实做事，成功自然来 /151

忍辱负重，功到自然成 /154

"谋"在道义——帅仁义之师，方能行令天下

宽容待人就是宽容待己　　/158

放下仇恨收获爱　/161

怀恩报恩恩相继，饮水思源源不尽　　/165

患难真情最交人　/167

说　篇
——妙语连珠，说话滴水不漏

会说话的人，寥寥数语，谈笑之间，樯橹灰飞烟灭。舌战群儒，一语中的，这就是会说话的人的言辞之力。这种人懂得迂回之道能进能退，伺机而动，针针见血。与人沟通，靠的是应变，靠的是口才，当然也靠英勇无畏的智慧。

"说"出风采——于言谈举止中展现个人魅力

一张一弛乃说话之道　　/172

用爱感动世界，用沟通说服世界　　/175

以幽默的口才造就快乐的心态　　/178

失败之后，用出众的口才走出成功的路　　/179

运用说话的艺术拒绝他人　　/181

"说"出交情——以心换心，感情是谈出来的

"说"出幽默，交情自然来　/186

用幽默的话语缔造快乐的人生　/189

情调是言语的调味剂　/192

"说"出创意——言谈虽无意，创意在有心

赞美出新，"说"出完美　/196

灵活应变，增加言语的魅力　/199

照顾别人的面子，用恰切的言辞创造未来　/202

用沉默巧妙地拒绝他人　/205

正话反说，问题才会简而化之　/207

"说"出商机——商机无限，关键要看怎么说

说出心得，商机就在眼前　/211

利用二八法则，用言语抓住大客户　/214

"说"出共识——志同而道合，才能与之谋

首因效应，让你的口才开启成功之门　/216

换位思考，让矛盾在言谈中冰释　/220

寻找心灵的共鸣　/223

适时运用调侃的言语，让火光温暖人心　/226

把握说话的尺度，过而易失　/227

"说"出交易——无意变有意，成交近在咫尺

对事不对人，"说"出关键点　/230

"说"出最大利益，功到自然成　/233

拒绝靠"说"，不要被人带进死胡同　/236

简化关系，和关键人物进行谈判　/239

断篇

理智判断，
思其来路而明去路

想成大事者，关键在于一个"断"字。断其是非，明其黑白为一。圆志天下，了明局势为二。观其言行，知其心虑为三。三者环环相扣，缺一不可，思其源头方可预见未来，观其来路便已猜出去路何方。这个世界不是没有先知先觉，来去之间，"断"字尽显智慧。眼观六路，耳听八方，方为一生靠得住的精华所在。

"断"在时机

——及时判断于先，果断行动其后

> 机不可失，时不再来。机会出现时，我们就要果断行动，进行判断。当断不断，必受其乱。万物的来去都有其特有的时间，每一次选择也是如此，如果我们不能在固定的时间里作出选择，就会让机会从身边溜走。
>
> 机会尽在几秒钟，在短时间内果断选择，我们才能让幸运女神来到我们身边。人生充满未知，选择的出现对我们是一种严峻的考验，我们要做的就是及时调整自己，在机会刚出现的时候果断选择，这样成功才会向我们走来。

时不待人，人自待，断就要找准时机

机不可失，时不再来。这是我们经常说的一句话，但是往往说的人多，做的人少。人的一生中会面临很多次选择，有选择就要有答案，只有这样问题才能被圆满解决。如果你不能在关键时刻做出决断，那么就会错过判断这道问题的最佳时机，当我们再想将人生这道题做好，就会变得非常困难了。

时不待人，人自待。某位名人曾说："出名要趁早。"其实，作决定又何尝不是如此呢？尽快作出决定，才能为接下来的行动做好准备。犹豫不决是成功的大敌，当断不断，必受其乱，看准时机马上出手，问题才能被正常解决。

只有果断决策才不会让人生虚度,有这样一个寓言小故事,它为我们阐述了果断决策的真正含义。

农场上,有一头驴想要吃草,它的主人就在它的左右两边各放了一堆青草。谁承想,驴却犯难了,它不知道应该先吃哪堆,于是它开始不断徘徊,直到最后也没能作出选择,结果就只能等待死亡的降临了。

蒲松龄在《聊斋志异》中也曾讲过这样一个故事。

有两个放牛的孩子发现了一个狼窝,狼窝里有两个小狼崽,于是两个孩子一人抱着一只狼崽,顺着两棵相聚几十米远的树分别爬了上去。

没过多久,两只狼崽的母亲就来寻子了。其中一个孩子就掐着怀中小狼崽的耳朵,弄得狼崽惨烈嚎叫,狼母亲听到之后,就跑到树下乱抓乱咬,不得章法。

这时,另外一个孩子掐了掐另外一只狼崽的腿,小狼崽承受不住,嗷嗷直叫,狼母亲听到叫声又向相反的方向奔去了。就这样,狼母亲一直在两棵树之间来回奔波,最后落得个累死的下场。

驴饿死、狼累死的原因都是一样的,即它们没有在最适合的时间作出最适合的决定。诚然,人生百味,最大的快乐就是作出选择,最大的痛苦也是作出选择,这就要求我们要及时选择,要把选择做到位。

其实,选择常伴我们身边,比如我们每天会为了穿什么衣服、吃什么饭……而做出选择。及时有效地作出选择,这样问题才会解决,而我们的心情也才会变得更美好。

秦国是春秋战国时期的霸主,使它成为霸主的原因有很多,但是果断决策却是秦国成就霸业的重要保证。正因为它拥有当断则断的魄力,秦国才能在群雄逐鹿中脱颖而出,才能成为第一个一统天下的霸主。

秦昭王时期,因为秦国内部大权旁落、穰侯专权、常年征乱、百姓不安,所以始终没能统一天下,秦王苦于没有找到解决的方法而郁郁寡欢。

魏国的范雎来到秦国以后,有一天,他看到秦王的车马驶过来,故意视而不见。驾车的人看见范雎挡路,就大声呵斥:"秦王来了,闲杂人等速速散开!"

范雎大声说:"秦国只有太后和穰侯,哪里还有什么秦王?"

秦王听后觉得范雎是一名能人义士,就让左右退去,向范雎跪下请教。范雎却不理他,如此再三,范雎才问秦王:"秦国兵强马壮、幅员辽阔,但是为什么没能实现对外扩张、成就一番霸业呢?"

秦王虚心地说:"还请先生不吝赐教。"

范雎回答说:"我听说穰侯率领大军联合越国、魏国和韩国,千里迢迢去攻打齐国,这个策略是极其错误的。齐国和秦国相距甚远,如果千里迢迢去攻打,会导致兵马劳顿,而且还不一定能取得胜利,反而加重了秦国的负担。就算取胜了,秦国距离齐国太远,肯定会被韩国和魏国坐收渔人之利,所以对于秦国来说,这场征战是有百害而无一利的。秦国现在最应该做的是和偏远的国家结交而攻打自己的近邻,这样才能向外扩张。到那时,秦国的土地将不断拓宽,统一大业自然也就能完成了。"

后来,秦王当即完全采纳了范雎所提出的"远交近攻"的策略,罢免了穰侯,任命范雎为相国,开始了自己的霸业征程,为以后秦一统天下打下了良好的基础。

如果没有范雎的高瞻远瞩,如果没有秦王的英明决断,那么秦国是不可能一统天下的。拥有魄力,敢于在第一时间作出决断,只有这样,未来才能掌握在我们手中。

生活中的很多人总是习惯说"如果那时候这样就如何如何"、"如果当初我能知道,会怎么样怎么样"……但是你要知道,现实生活中的每一天都是现场直播,这就要求我们演好自己的角色,不要因为徘徊犹豫于选择中而浪费自己的一分一秒。

早起的鸟儿有虫吃,越是早作出选择,就越能早一步和梦想来一次亲密接触。苏格拉底曾经说过:"人生最快乐的事情莫过于为梦想而奋斗。"梦想有着无穷的魅力,而实现梦想靠的则是人生一次次选择的积淀。

机会对于我们每个人都是均等的,如果我们不能快人一步,那么等到作出选择之后就会落后别人一大截。未来很远,人生很长,让时间做帆,让经验做桨,只有这样,我们才能在正确地作出选择之后到达成功的彼岸。

及时判断,把错误扼杀在萌芽期

人生漫漫长路中,我们能欣赏到美丽的风景,也能遇到崎岖难走的山路,走错一步,就有可能陷入万劫不复的深渊。当错误发生时,我们就要果断回头,把错误屏蔽掉,让它在最短的时间内消失。

人生中出现错误是每个人的必然经历,有的人选择在错误发生的萌芽期把它扼杀掉,而有的人则是任由其滋长,然后错误被无限放大,到那时,再想把问题解决就变得无比困难了。

错误是我们每天都要面对的事情,如果犯错之后我们不能在其萌芽阶段判断出来,就会任由其滋长,长此下去,错误就会被放大,直至导致失败。

及时发现错误,对错误作出正确判断,然后加以改正,这样错误才会消除,我们才能进步。知错能改,善莫大焉。及时发现错误、及时改正错误,我们才能让错误所带来的损失降到最低。

料敌于先,必然能够所向披靡,同样地,料错于先,也必然能够无往不利。错误就像海面上掀起的浪花,需要风力的不断推动才能掀起大浪。如果我们能够及时发现错误的苗头,能够及时做好准备,就必然能够掌握好自己人生的方向。

人非圣贤,孰能无过。这句话包含着一个深层次的含义,那就是人人都有可能犯错误,即便是古之圣人也并非时时都是正确的,何况普通的我们?如此说来,就没必要苛求自己尽善尽美,只要我们在错误出现之后能够及时反省改正就可以了。

但这绝非是纵容错误,区别就在于对错误的认识以及犯错后的改正。荀子在《劝学》中早有训导:"君子博学而日三省乎己,则智明而行无过矣。"犯错并不可怕,有错不改才是致命的。所谓的"弯腰低头"只是表明了一种态度,关键是之后的动作。严重的错误造成的巨大损失往往是由一个小错误开始的。即便是错到了相当的程度,及时地纠正,避免更大的错误和损失,也不算太晚,正所谓"亡羊补牢,犹未为晚"。

唐太宗李世民和魏征的对话一直被后人奉为典范,君臣之间相互指出错误并且不断改正,才使得唐太宗开创了贞观之治。

唐朝时期,魏征身为大夫,受到唐太宗李世民的重用,却遭到了很多人的反对,有人在李世民面前诋毁魏征说:"魏征身为臣子,待人接物却不注重仪容和礼貌,不避嫌疑,影响非常不好。"李世民就派温彦博责备魏征,要魏征一定要改变这种不修边幅的毛病。

过了几天,魏征求见李世民时说:"微臣听说身为臣子的就应该上下一心、团结一致,这样国家才能兴旺。如果做什么事都讲求礼仪容貌,那就说明君主和臣子之间有隔阂。这样下去,国家的命运也就不能预测了,所以陛下为此责备微臣,微臣不敢从命。"

李世民忙说:"我知道责备你错了。"

魏征叩头接着说:"皇上能这么说,微臣感到很高兴。微臣能侍奉陛下感到非常荣幸,但愿皇上能让微臣做一个良臣,而不要做一个忠臣。"

李世民听后感到非常疑惑,问道:"良臣和忠臣有什么区别?"

魏征接着说:"所谓忠臣,就是能向君主提出很多好的建议,忠心耿耿为君主办事,但是却不能被君主采纳,以致招来杀身之祸,给君主以非常大的罪名,如此国家将会受到损失,而他却享有忠臣的名声。而良臣就是不但能向君主提出很多好的建议,并且能被君主采纳,从而使君主和臣子能上下齐心,使得国家更加繁荣富强,这就是忠臣和良臣的不同之处。"

听了魏征的解释,李世民感到非常高兴:"你讲得非常好,那么,什么是明君、什么是昏君呢?"

魏征说："兼听则明，偏听则暗。"接着，魏征又举了秦二世、梁武帝和隋炀帝的例子，指出导致他们灭亡的一个最主要的原因就是偏信奸臣，被奸臣所蒙蔽，终其一生都不知道真实情况。魏征继续说，"身为君主，只有多听意见、广开言路、察纳雅言，才能让自己的缺点暴露出来，然后加以完善，这样才不会被奸佞之人所蒙骗。"

李世民说："昏君总是掩饰自己的缺点，不让这些缺点暴露出来，这样反而会一天比一天糊涂。而明君却是不断暴露自己的缺点，然后加以改正，使之更加聪明。我要经常接受你和其他大臣的劝谏，努力做一个明君，你也要大胆提出意见，努力做一个良臣。"

历史永远不会消弭，数百年之后，李世民和魏征成为了明君和良臣的典范，流传千古。

李世民虽是治世明君，但是他也会犯错误。多听取别人的意见，不要让自己当局者迷，只有这样，当错误露出端倪的时候，我们才能及时发现并且改正。

犯错是我们人生中可贵的经历，犯了一次小错，我们可以知道自己应该避免什么，如果我们不跌小跟头，以后就很有可能会跌大跟头。

最开始的时候，错误是非常微小的，也许我们认为无视它，它就会消失，但是随着时间的推移，错误就会变得越来越大。及时发现错误，选择在错误发生的萌芽阶段果断将其扼杀掉，这样错误才不会因为我们的纵容而发展壮大。

成功来源于经验的积累，人生需要挫折的历练。犯错只是人生的插曲，永远不会成为我们人生的主旋律。找到自己人生的节奏，随时发现人生中不和谐的节奏，彻底把其根除掉，这样，我们才能在正确的人生轨道中继续前进。

利弊权衡于先，机会断于其后

一个人如果没有自己的原则，总是跟着别人走，那么，就算机会摆在他面前，他也不可能抓住。如果机会出现了，你没有根据自身情况去衡量、去判断，就无法让这次机会发挥出它本应有的作用。

及时判断出机会所带来的利弊，我们才能更好地把握它、利用它。人们常说，是福不是祸，是祸躲不过，但是有些机会的风险很小，有些机会的风险很大，这就需要我们及时判断，不要让好机会从身边溜走，也不要让不好的机会强加于身。

机会尽在几秒钟，如果你不能在最短的时间里作出最合理的判断，机会就会离去。市场的风向为我们的选择提供了参考点，而未来才是我们不断奋斗的方向，如果我们不能抓住，那么等待我们的将会是时机的无情流逝。

在某市的市区里新开了一家龙鱼馆，可是谁能想到，这家店的店主，一位名叫贺蜜斯的小姐居然投入了近百万元在这家店面上。

一家经营观赏鱼的店面居然需要百万元的投资，恐怕这种疯狂的行为没有几个人会去做，而贺小姐却毫不在乎别人的看法，在她的店里，鱼还是龙鱼，可是却是原产自印尼的龙鱼。这种鱼，每一条少则几千元，多则上万元。有人会问，不过是一种观赏用的鱼，几万块钱一条，谁会去买呢？

事实上，贺小姐这种大胆的做法决不是空穴来风。贺小姐经营的这种鱼在印尼属于一种濒临灭绝的物种，同样喜欢鱼的贺小姐第一眼就喜欢上了这种鱼。后来经过考察，贺小姐发现，在广东、香港等地，这种原产自印尼的龙鱼被当做"招财鱼"。

在该市，虽然有很多经营龙鱼的店面，却还没有人敢去做这种生意。第一，当地人对这种鱼的认识还不深，是否愿意花钱购买还是个未知数；第二，开这样一个鱼店，需要的投资太大，一旦赔了，就可能会血本无归。可是，贺小姐凭着自己的喜爱，再加上对市场的敏锐观察，毅然决定投资开起了这家店。

如今，这家鱼店给贺小姐带了丰厚的利润，而她本人也对今后的市场充满了信心。

其实，道理很简单。贺小姐正是看到了龙鱼的"附加值"，在权衡利弊之后牢牢把握住了商机，才最终取得了成功。

世界上没有无缘无故的成功，只有每天为了成功而努力奋斗的人。一些人敢于冒险，是因为看到了机会背后的潜在价值，如果我们看不到这样的价值，只是脑子一热就采取行动，那么就算再好的机会也会从我们身边蒸发掉。

我们都认为跟着别人走，按照套路出牌就已经很好了，但是我们谁愿意总是跟在别人屁股后面走？学会分析自己、学会分析机会，然后尽快找到一个解决的方法，这样一切才会按照我们期许的方向走。

生活中，当我们面对升职的机会会怎么办？相信很多人会认为这是一个好机会，会选择接受，但是范雎经过一番分析之后决定放弃这个机会而推荐蔡泽，下面就让我们来看看范雎权衡利弊之后的壮举吧。

战国时期，蔡泽自认非常有才，却无赏识他的伯乐。这时，他听说范雎入仕秦国，并且受到了重用，觉得自己的伯乐出现了，于是他也来到了秦国。

蔡泽刚到秦国就大肆宣扬自己才华横溢，文韬武略无所不能，只要自己能见到秦王，就肯定能取代范雎相国的位置。

范雎听闻此事，就把蔡泽叫到了府上，问他："你曾说，只要见到秦王就会取代我相国的位置？"

蔡泽说："是的。"范雎问他为什么这么说，蔡泽继续说道，"天下万物都是新陈代谢的过程，功成身退是人生的自然法则。现在人们都希望像圣人一样贤明，贤明之人就要施恩于天下，这样才能受到百姓的爱戴。但是每个人的精力都是有限的,不可能从始至终都才华横溢。自己无德无能时,就应该及时退位让贤,才会受到天下人的赞扬。"接下来,蔡泽又举了商鞅和文种的例子来阐述自己的观点。

范雎听出了蔡泽的意思,就说:"为什么不可以从始至终呢?商鞅辅佐秦孝公,没有二心,而是因公忘私。虽然得到了秦孝公的宠信,但是却失去了秦国人民的信任;大夫文种辅佐勾践,不以勾践卑贱而退却,反而帮助他渡过危难,不会背信弃义,更不会夸耀自己的功劳,他们都是我学习的典范。只要大义所在,纵然抛头颅、洒热血也在所不惜,为什么非要退位让贤呢?"

蔡泽说:"君主圣明、臣子贤能,这是国家之福。父亲慈爱、儿子孝顺、丈夫讲信义、妻子有贞节,这是家庭之福。但是忠君爱国也是有限度的,比如比干辅佐商纣王,却让殷商走向灭亡;伍子胥是贤能之臣,但是却无法带领吴国走到最后……可见,有德之臣也无法保证国家长治久安,这是因为没有贤明之主重用他们。假如一定要等到死才能尽忠成名,恐怕就连微子也不足成为仁人,孔子也不足成为圣人,管仲也不足以成为伟人。"范雎听蔡泽说得在理,就点头表示赞同。

蔡泽又说了一些治国的方略,被范雎所认同,范雎认为蔡泽是当世奇才,就以上宾之礼接待了他。

过了几天,范雎拜见了秦昭王,对他说:"臣有位新来的客人蔡泽,此人善于雄辩、满腹韬略。臣阅人无数,没有人能出其右,臣自愧不如。"

于是秦昭王就召见了蔡泽。通过交谈,秦昭王非常欣赏蔡泽,就任命他为客卿。自此之后,范雎就称病不朝,并且借病辞官回乡。

无奈之下,秦昭王只得任命蔡泽为相。而蔡泽也果然不负众望,为秦国作出了巨大的贡献。

孔子曾说:"君子成人之美,不成人之恶,小人反之。"范雎之所以会选择推荐蔡泽,是因为蔡泽确实有他无法比拟的才能,正因为这样,范雎才会选择退而举贤,让蔡泽为秦国创造财富。

推举蔡泽,是范雎果断决策和大度宽容的具体体现。选贤与能,不仅是君主的责任,更是每一位大臣应尽的义务。面对机会,范雎选择了及时退让,让更有才能的蔡泽登上相位,而这也正是他高瞻远瞩的一种体现。

机会用在正确的人身上,就会变成好机会,用在错误的人身上,就会变成不好的机会。成功关键在于权衡、在于选择。成功者之所以成功,最重要的不在于他们的能力,而在于他们的每一次选择。作出最正确的选择,不要让机会白白浪费掉,这样我们才能离成功越来越近,而这样的果敢决断也终究会为我们的人生添上浓墨重彩的一笔。

判断时机,蓄势待发,顺势而为

历史的发展总是惊人地相似,有些人倒下,另有些人就必然会站起来。我们想要成功,最应该做的就是选准时机、顺势而为。

人生想要有所改变,就要懂得选择时机,然后顺势而为,这样我们才能让自己有所突破。现实生活中,我们必须善于抓住机遇。每一次机遇的到来对于任何人来说都是一次幸运女神的眷顾,它不仅需要我们有坚实的功底和知识储备,更需要我们在看到机遇的时候拿出拼搏和创新的勇气。

在这个机遇盛存的世界里,只要我们平时注意加强知识的积累,培养敢为天下先的创造意识和勇气,确切地把握时机,就会获得事业的成功。

2003年,威露士率先敏锐地预见到了商机,随即,他们迅速采取了分阶段的营销战略,顺势而为,彻底改变了自身的市场占有率。

第一阶段(2003年2月10日~13日)为启动阶段。2月10日,以生产消毒药水著名的外商独资企业莱曼赫斯公司中国部营销人员通过收集各方信息,敏锐地预见到商机,迅速成立了专门应急小组,并于2月11日在广州几大主流报媒推出平面广告:"预防流行性疾病,用威露士消毒药水。"从而拉开了消毒市场的第一轮战役。

第二阶段始于2003年2月11日,这天,广州市政府召开了新闻发布会,呼吁广大市民:"注意手的清洁和消毒……"新闻发布会于当天上午召开,威露士公司下午就将原定于2月12日的消毒药水广告改为"防止病从手入,请用威露士洗手液"。值得注意的是,这个广告刚好和市政府召开新闻发布会的报道同日刊登,从而增加了广告的可信度。

自此以后,威露士洗手液在市场上的销售量大增,其品牌也在大街小巷中迅速宣传开来。

机遇不是命运,并非要靠"碰"才能得到。捕捉、把握并善用机遇是一种能力,顺势而为会帮助我们在人生道路上苦苦跋涉时有一次转折性的飞跃,从而取得不断的成功。

因此,我们要学会发现时机,发现时机中的关键点,然后顺势而为。人生有很多次选择,每次选择都有其最恰当的处理方法,这样问题才会被合理解决。例如,骑车的时候,我们都喜欢顺着风向对方行驶,因为这样骑车就会变得轻松省力;买东西的时候,我们都会货比三家,然后挑选一家性价比最高的,这样的东西才是最符合我们心意的……

抓住每一次机会,然后借助这次机会为跳板,让自己离成功越来越近。"君子性非异也,善假于物也。"荀子在《劝学》中一直说着这样一句话。善于选准时机而善于借势,我们才能成就自己的非凡梦想。

"好风凭借力,送我上青云。"这个力可以是外力,也可以是伯乐。要想采摘成功的果实,不仅需要勤奋苦干,而且还需要选准时机、学会借势。

选择时机就要像庖丁解牛一样,以无厚入有间,刀刀切中根本,这样问题才能解决。选择正确的时机,为自己未来的发展积蓄力量,这样我们才能借坡下驴,才能让自己因为前面铺陈开来的形势而取得成功。

　　时机不是等出来的,守株待兔就必然会饿死。我们只有学会主动出击,才能把机会握在手中,这样,我们才能真正做到顺势而为。顺势而为是借着时机发挥出自己的优势和特长,这样梦想才会照进现实。

"断"在选择
——取舍有道,才能受益良多

> 人生在于取舍,小舍小得,大舍大得,不舍不得。选择的时候就更是如此了。舍弃一些次要的东西,留下一些重要的东西,只有这样,我们才能卸下负担,轻松上路。
>
> 人生中,有舍才会有得。预先取之,必先予之。作决定的时候也是如此,我们要权衡利弊之后再作出决定,只有这样,我们才能作出最正确的选择,才能掌握好人生的主动权。

选择鱼还是选择熊掌?犹豫不决不如断然放弃

人世间有着无穷无尽的选择,不管我们身处何职、在做什么,每时每刻都需要作出选择。我们所处的这个社会是一个并不完美的社会,因为它告诉我们,鱼和熊掌不可兼得,而我们要做的就是接受这样的不完美,并且能够分清孰轻孰重,果断选择最适合自己的那一个,进而舍弃另外一个。

当断不断,必受其乱。犹豫不决是人生的天敌,当面对一件事,我们不知道如何处理时,就应该果断选择放弃,放弃之后,我们才能看到更加广阔的天空。

中国有句古话说得好:"预先取之,必先予之。"这句话的意思就是说,想要索取,先要学会舍得。舍得舍得,不舍不得;小舍小得,大舍大得。有位哲人曾说:"我们的痛苦不是问题的本身带来的,而是我们对这些问题的看法模式而产生的。"这句话告诉我们,要懂得放下过去,别把现在宝贵的时间浪费在过去的纠结中。

很多时候,过去的痛苦都是因为我们过于在意而引起的。取舍是一种人生境界,关键在于我们要有果决的勇气。人生靠决断,决断靠选择,选择中就包含了无数取舍的智慧。放弃复杂的思维,我们必然会收获到简单。其实,人世间有很多取舍是非常简单的,关键在于我们有没有在简单的思维中找到取舍的突破点。

在取舍之间,越简单明了的决断越能体现出一个人的能力,过于优柔寡断只会让别人感到你内心的复杂,而问题也会随着时间的累积而变得更加复杂。

因此,只有内心澄澈,我们在取舍面前才能展现出更加强大的决断魅力。人生路漫漫,不懂得舍弃的人必然是背负很多毫无用处痛苦的人。

做事果决一点儿,我们往往就会比别人先触碰到机会。总是在鱼和熊掌之间徘徊,最终我们会因为梦想太高而失去机会,这时我们不妨让自己果断放弃。犹豫不决只会浪费掉我们的黄金时间。犹豫不决时果断放弃,我们才能轻装上阵,才能够看到更加清晰的未来。

人生正是如此,有时候,舍弃、退却并不是懦弱的表现,我们既然无法抓住,或者无法抓得长久,不如就放手。一收一放,体现的正是我们良好的心态。

人生本来就不是尽善尽美的,记得在一对夫妻的婚礼现场中,丈夫对妻子说:"对不起,你要和我一起受苦了。"

丈夫说得很对,人生本来就是一个受苦的过程,呱呱坠地之后,我们会哭、学走路的时候会跌倒、上学的时候要忍受老师的苛责……回首人生,我们会发现,原来一切并不坦荡,但是我们却快乐地走了过来。这是因为什么呢?就是因为我们学会了舍弃、学会了忘记痛苦、忘记了不愉快,等到消极情绪消失,积极情绪就会出现,当我们调整好自己的情绪之后,成功的出现也就成了一种必然。

在海边山脚的一条小路上走来一个年轻人,他不远千里来到海边,只为到达大海对面的一个地方。年轻人把大大小小的箱子装到船上就驾船出海了。他劈波斩浪,历经种种险象环生的航行,却仍然没能到达大海对面的那个地方。

有一天,极度疲惫的年轻人停下来休息的时候,遇见了一位智者。年轻人问:"我是那样的执着、坚强,长期跋涉的辛苦和疲惫都难不住我,各种考验也没能吓倒我。我已疲惫到了极点,为什么还到不了我心中的目的地呢?"

智者看了看他的船舱问道:"你的船里装的都是什么?"

年轻人说:"它们对我可重要了。第一个箱子里面装的都是我必需的生活用品,第二个箱子装满了我路上跌倒时的痛苦、受伤后的哭泣、孤寂时的烦恼,第三个箱子里装的是我一路上搜集到的金银珠宝。"

智者听完后淡淡地问道:"过了河你是不是要扛着船赶路?"

年轻人很惊讶:"扛着船赶路?它那么沉,我扛得动吗?"

智者听完微微一笑,说:"过河时,船是有用的,但过了河,就要放下船赶路呀。"

年轻人听后顿悟,他把第二个箱子丢掉了,顿觉心里像扔掉一块石头一样轻松。赶了一段路,他又把千辛万苦得到的珍宝全部扔到了海里,只把装有生活必需品的箱子留了下来,于是船轻快了许多,没用多长时间,年轻人就到达了目的地。

由此可见,你在人世间的每一天都要知道自己真正需要的是什么,当你明白自己真正需要的是什么之后,你才能够在关键时刻果断取舍。

坚守美好的,放弃不美好的,我们才能看到人世间的至美。过度执着于不美好,过多在取舍之间逗留,只会消磨掉我们的意志,这时,真正的决断就会离我们越来越远。适当地舍弃,让痛苦的记忆随风散去,我们才能看到更加美好的未来。

在诱惑面前学会断然拒绝

当诱惑呈于前,拒绝是一种智慧。人世间有太多的灯红酒绿,有太多的名利追逐,如果我们不能淡然看待诱惑,那么,当诱惑出现而我们接受的时候,就是失败的开始。

诱惑为我们带来的是眼前的利益,过于注重眼前利益,我们就不可能看到自己满心期许的未来。人生一路走来,诱惑很多,比如,上小学的时候,玩是一种诱惑;上中学的时候,优异的成绩是一种诱惑;工作的时候,升职加薪是一种诱惑……其实,仔细数来,我们会发现,我们生活的每时每刻都充满了诱惑,这就需要我们果断决策,坚守住内心的梦想,让自己所有的意志都为其提供服务,这样我们才能果断舍弃诱惑,继续沿着属于自己的成功方向前进。

有一家公司在城市偏僻的地方买了一块地皮,由于价格低廉,公司老板非常满意。

老板买完地皮之后就开始投资建造一座豆奶加工厂,他认为这是一个低投入、高回报的行业,自己一定能成功。但是事与愿违,公司从兴建伊始就开始亏损,远没有当初计划的那么好。但是公司老板不愿意放弃,继续投入了几十万元资金,他相信,过不了多久,公司就会峰回路转,实现预计的盈利目标,可没想到几十万元又打了水漂。

但是,老板认为是公司的设备不够先进,影响了生产效率和质量,又投入了80万元引进了高端的生产设备,但是理想和现实有巨大的差距,公司仍然在亏损。

豆奶市场在当地已经很饱和了,而老板的公司又是一家新兴公司,根本没有品牌竞争力。但是老板为公司已经投入了100多万元,他想要放弃,却又不甘心自己的努力付诸东流，于是又投入了300万元，希望可以置之死地而后生，但是依然是泥牛入海，一点儿成效都没有。

最后，老板为了豆奶公司而倾家荡产，没有赚到一分钱，令人扼腕叹息。

当诱惑攀升的时候，我们要做的是冷静下来，及时给自己"降温"，然后果断出击，拨开诱惑那层虚伪的面纱，这样棘手的问题才能被我们轻松解决掉。

身边的诱惑越多，我们就越会把持不住，就会越陷越深。向诱惑屈服是一种鼠目寸光的行为，果断放弃则是一种明智之举。优柔寡断只会让野心继续扩大，一直恶性循环下去。多数时候，我们是明知不可为却偏要为之，结果只能是走向失败。我们每个人都会有这种逆反心理，总是认为在相反的方向会有更加美好的风景，越是如此就越是要做，这样的做法是非常错误的。

美国著名心理学家威廉·詹姆斯曾说过："承认既定事实、接受已经发生的事实、放弃应该放弃的，这是在困境中自救的先决条件。"认真分析诱惑，不管它是攀升还是下降，我们都应该适时地找回自己的定力，只有这样，我们才能抵挡住诱惑，在自己最清醒的时候作出关键决定。

君子爱财，取之有道。无论什么时候，我们都要调控心中的欲望和野心，尽快判断出一件事情对我们是否真的无害。做事三思而后行，多想想利弊，然后再作决定。想要取得什么成果，主要看自己，而不在于诱惑多少。不要因为蒙住了自己的双眼，别人就看不见你，其实，你最应该做的就是找到自己内心所需求的，发现诱惑背后的潜在危险，果断选择放弃。

战国时期，中国儒家的代表人物孟子的名气非常大，家里经常宾客盈门，其中绝大多数人是慕名而来，特意来向孟子求学问道的。

有一天，他家中接连来了两位神秘的人物，一位是齐王的使者，另一位是薛国的使者。对这两个国家的使者，孟子自然不敢怠慢，小心周到地接待他们。

齐王的使者带来100两金子给孟子,说是齐王特意馈赠的。而孟子见他话说到此便没有了下文,就婉言谢绝了齐王的馈赠,使者无奈,只好灰溜溜地走了。

不久,薛国的使者也来求见。他给孟子带来50两金子,说是薛王的一点儿心意,感谢孟子在薛国发生灾难的时候帮了大忙。孟子听了很高兴,并吩咐手下人把金子收下。

孟子前后大相径庭的举动让门客感到十分奇怪,不知孟子为什么拒绝齐国馈赠的百两黄金却接受薛国的区区50两金子。陈臻率先提出了这个问题,他问孟子:"齐王送你100两金子,你不肯收;薛国才送了齐国的一半,你却接受了。如果你刚才不接受是对的话,那么现在接受就是错了;如果你刚才不接受是错的话,那么现在接受,不是前后言行不一吗?"

孟子回答说:"其实,事实不是你想的那样。在薛国的时候,我帮了他们的忙,为他们出谋划策,平息了一场战争,我也算是一个有功之人,这些物质奖励是我应该得到的。而齐王平白无故地给我那么多金子,是有心收买我。君子是不可以用金钱收买的,我怎么能收他的贿赂呢?"

大家听了之后都十分佩服孟子的高明的见解和高尚的操守,孟子仁义的名声也从此开始远播四方。

面对无故的恩惠,孟子不为所动,没有被糖衣炮弹轰炸得丧失了冷静。他冷静地进行了一番分析,知道哪些钱财是属于自己应该拿的、哪些钱财不属于自己的。这不仅体现了孟子的高尚操守,而且告诫后人,不是所有的利益都是属于自己的,只有学会取舍,才不会给自己带来麻烦。

在取与舍的问题上如何进行抉择,其实是与人们的胸怀和能力息息相关的。人们通常按本性行事,处世光明磊落的人重视荣誉却不执拗于过往云烟的功名利禄。当取则取,才能得到长久的收获,这才是选择智慧的真实体现。

成功者之所以伟大,是因为他们切合实际,有一个限度,在这个限度之内,他们能尽最大能力取得成功。不管诱惑有多么强大,我们都要有属于自己的一套判断原则。诱惑只是表面现象，我们要做的就是拨开这一层表象，找到诱惑背后的真实。

果断选择是一种智慧，取舍也有其必须要遵守的原则。诱惑只是让我们内心蠢蠢欲动的一种刺激，我们要做的就是分析，然后平复自己躁动的内心。在诱惑面前学会取舍，这样我们才能在人生长路上展现出自己人生的大智慧，才能越走越远。

欲望有取舍，当断则断

一代名臣曾国藩曾说："得失有定数，求而不得者多矣。纵求而得，亦是命所应有。安然则受，未必不得，自多营营耳。"正如曾国藩所说，人生中的得失就像是有一种潜在规律在左右一样，所有事情就像是早就安排好了一样。我们本身的欲望也一样，当它出现之后，必然会有得失尾随其后。

其实，人生就是一个不断得而复失的过程，就其最终结果而言，失去比得到更为本质。随着整个生命的离去，我们所拥有的一切都将失去。世事无常，没有任何一样东西能够被真正占有。既如此，又何必患得患失？我们应该做，也是所能做到的便是在得到时珍惜、失去时放手，安然于两者之间，心平而气和。

欲望有大小，得失有终始。其实世间的一切本就是如此，如果你认为选择简单，它就会变得简单；如果你认为选择复杂，它就会变得复杂。

在一个雷电交加、大雨倾盆的夜晚，你开着车准备回家，在回家的途中，你看到3个人正在焦急地等待公共汽车的到来，在这3个人中，一位是快要死亡的老人，他需要马上送往医院急救；一位是医生，他曾经救过你的命，你想报答他，但是一直没有机会；一位是你心仪的女孩（男孩），她（他）是你做梦都想要娶(嫁)的人,她(他)是你生命中最珍惜的人,如果错过了,以后就再也没有了。但是更为痛苦的是,你的车只能再坐下一个人,你应该如何进行取舍呢?

这是一家公司的面试题,在几百名的应征者中,只有一个人的答案让面试官满意,并且录用了他。这个人只说了一句简简单单的话:"把汽车和钥匙都给医生,让医生开车载着老人去医院,而我则留下来,陪我的梦中情人一起等公共汽车。"

人活着难免有取舍,就像这道选择题一样,我们都希望得到完美的答案,但是完美的答案往往是不存在的,如果医生不会开车怎么办?又或者接下来车坏了怎么办?正因为事情的不完美,我们才会选择珍惜。

人的欲望是无穷无尽的,当欲望出现的时候,我们就会执着地去追求,而且更多的时候是不见棺材不落泪。当欲望来临时,我们总认为得到本就理所当然,失去反而成了非常态,所以,每每失去时不免感伤和追忆。

其实,当我们冷静下来,心中就会明白,在漫漫人生长河中,欲望与得失相伴左右,只有果断判断才能不被欲望左右,只有这样,我们才能找到属于自己的闲适人生。

东晋大诗人陶渊明向来被世人奉为安贫乐道、高洁傲岸的精神典型,一段《五柳先生传》便足以为证。

"环堵萧然,不蔽风日;短褐穿结,箪瓢屡空,晏如也。常著文章自娱,颇示己志。忘怀得失,以此自终。"

想当初,不为五斗米折腰的陶渊明也曾有过报效天下之志,13年的仕宦生活是他为实现"大济苍生"的理想抱负而不断尝试、不断失望、终至绝望的13年。然而终究,赋《归去来兮辞》、挂印辞官,彻底与上层统治阶级决裂,毅然不与世俗同流合污。对于所谓的世事得失,怎一个潇洒了得。

回归故里后,陶渊明一直过着"夫耕于前,妻锄于后"的田亩生活。开始时,生活尚可:"方宅十余亩,草屋八九间"、"采菊东篱下,悠然见南山",虽生活俭朴,却乐在其中。

后住地失火,他举家迁移,生活便逐渐困难起来。如逢丰收,还可以"欢会酌春酒,摘我园中蔬";如遇灾年,则"夏日抱长饥,寒夜列被眠"。然而,其安然于得失的本色却丝毫不改,稳于心中。

陶渊明的晚年生活愈加贫困,却始终保持着固穷守节的志趣,老而益坚。元嘉四年(公元427年)九月中旬,在他神志尚清时,为自己写下了《挽歌诗》3首,在第3首诗中末两句说:"死去何所道,托体同山阿。"如此平淡自然的生死观,情也飘逸,意也洒脱。

陶渊明也是有欲望的人,但是他对欲望有着合理的掌控能力,如此,才使得他坚守住自己的志节,并且因为这样的高尚情操成为后世之人争相模仿的对象。

欲望在于适度,我们要学会判断自己的能力是否能够实现自己的欲望。只有拥有理性的判断,我们才能让欲望控制在一个合理的范围内。不要过多执迷于欲望,因为欲望背后多数是不切实际的诱惑。

诚然,我们做不到"买田一亩,买泉一眼"的闲适,我们都是有欲望的人,但是我们可以控制自己的欲望,不让它无限制地膨胀。舍弃是为了给欲望减压,是为了更好地索取加重成功的砝码,而舍弃正是人性光辉的另一种表达。

月亮的残缺并没有影响它的皎洁,人生的遗憾也不该遮掩住它的美丽。欲望有大小,关键要找到适合我们的欲望膨胀区间,不要成为欲望的奴隶,要学会做欲望的主人。安然于得失、简明心性,我们的英明决断就会在人生中凸显出来。

做事留有余地,选择重在判断

哲人康德说:"生气是用别人的错误惩罚自己。"如此,我们何不放弃人生的束缚、换个角度观察或审视生活中的人或事?要知道,快乐的感觉往往取决于人的心境。只有放下对他人错误的执念,才有享受美好人生的心境。如果我们总是鸡蛋里面挑骨头,总是拿着放大镜看人,就算对方身上有再多的优点,我们也会把它们看成缺点。对别人有成见,总是先给对方定性,然后再在这个基础上考虑其他问题,那么我们就永远不可能看到对方身上丝毫的优点。

老子说:"预先取之,必先予之。"如果你想要得到什么,就必须要放弃什么,这样你才能够收获到更多美好的东西。每个人都有自己的优点,也有自己的缺点,果断放下对他人的成见,为彼此日后的交往留有余地,不仅可以保持与他人良好的关系,在一定程度上还能"化敌为友"、重建友情。对于这一点,《红楼梦》中的薛宝钗就很值得我们学习。

一次,贾母等人猜拳行令、随意玩乐,黛玉无意中说出了几句《西厢记》和《牡丹亭》中的词句。这类剧本在当时是禁书,而从黛玉这样的大家闺秀口中说出更是会被人指责为大逆不道、有伤风化。

好在许多读书不多的人没有听出来,但此事瞒得过别人,怎能瞒过宝钗?然而宝钗却没有感情用事、图一时之快,借此机会让黛玉难堪。她并没有宣之于众,给黛玉留了余地,也给自己和黛玉化干戈为玉帛提供了契机。

事后,在没人处,宝钗私下叫住黛玉,冷笑道:"好个千金小姐,好个尚未出阁的女孩儿!满嘴说的是什么?"一副严厉的下马威,让对方感到问题的严重。

黛玉只好求饶说:"好姐姐,你别说于别人,我以后再也不说了。"

宝钗见她满脸羞红，至此便适可而止，没再往下追问。

然而，这已让黛玉感激不已了。而宝钗更加精明之处在于，她还设身处地、循循善诱地开导黛玉："在这些地方要谨慎一些才好，以免授人以柄。"

此番真心实意的关心，结果"一席话说得黛玉垂下头来吃茶，心中暗服，只有答应一个'是'了"。

此事之后，宝钗果然守口如瓶，没有向任何人透露半点儿关于黛玉失言之事，这使黛玉改变了对宝钗一贯的成见，诚恳地对她说："你素日待人固然是极好的，然而我又是个多心的人……竟没一个人像你前日的话那样教导我……比如若是你说了那个，我再不轻放过你的；你竟毫不介意，反劝我那些话；若不是从前日看出来，今日这话，再不对你说。"

至此，宝钗和黛玉便达成和解。

放下成见，真正做到宽容待人，学会站在对方的角度去思考问题，这样，对方才会愿意和你接触，才会愿意和你成为朋友。我们都不喜欢和身上有"刺儿"的人交往，因为这样的人会让我们感到不舒服，长此下去，我们也会和他们一样，身上长满了各种各样的"刺儿"。

俗话说得好："凡事留有余地，话不能说穿，势不能倚尽，福不能享透。"意思是说，人活一世，为人处世要留有余地，说话不能过头、势力不能占尽、幸福不能享透。这是奉劝世人以谨自戒、以余自省。

做人留一线，得饶人处且饶人，这样，明媚的阳光才会洒满你的脸庞。人际交往中，果断放弃成见，我们才能看到更加清晰的未来。成见是因为我们对别人要求过高或者是主观情绪太过强烈而造成的。

世间万物大多复杂多变，任何人都不应该仅凭一家之言和一己之见而自以为是。即使在当时看来有十足的把握，也应该留有一片余地供别人思索、供自己回旋，否则就会贻笑大方，更有可能会把自己逼到尴尬的境地或者绝境。

人际交往中，为人处世不要过于死板，因为我们无法知道未来会如何变化，也许对方会走得比你快、比你好，也许对方会声名鹊起、林立于众人之上……对别人的成见就是对自己的现实无情的摧残，我们不知道未来会发生什么，就不要做绝，要学会放下成见，这样对方才会认为我们平易近人，才会愿意和我们成为朋友。

我们经常听到"酒满茶半"的说法，茶到七分满，留下三分是人情。宽容地对待别人，能使我们在关键时刻得到别人的帮助。如果我们总是苛求他人，不仅身边人会感觉不到快乐，自己也会因为成见太深而不快乐。善待身边人，我们才能在自己需要帮助时收获到意想不到的结果。

西汉景帝时期，在吴国做官的袁盎发现他的一个婢女和自己家里的一个下人有了不正当的关系。在当时的官宦人家里，这种事是很犯忌讳的。

作为一家之长的袁盎本想下令严惩他们，但是袁盎转念一想，窈窕淑女，君子好逑，这本是人之常情。如果因为这件事而惩罚他们，那就无异于亲手毁了这两个人。袁盎实在下不去手，于是就想把这件事压下去，让大事化小、小事化了。

没想到，袁盎的那名下人在得知事情败露之后却畏罪潜逃了，袁盎马上骑着马去追赶他，对他说："你虽然有过错，但如果我想惩罚你的话，你早就被赶出家门了，何必等到现在呢？你跟我回去吧。"

回去之后，袁盎亲自做媒，把那名婢女嫁给了这名下人，并且送了他们很多彩礼。

很多人为了这件事嘲笑袁盎："你能原谅你的下属和婢女已经算是仁至义尽了。但是你还促成他们成亲，这不是鼓励下人们都这么做吗？这样下去，你家里可就要乱套喽。"

袁盎解释说："这名下人跟随我多年，他喜欢那名婢女，那是他的自由，并不是不可饶恕的罪过。现在我促成他们的好事，等到以后我出现危险，他自然会帮助我。"

后来，袁盎升职，做了朝廷命官。当时正赶上七国之乱，吴王派兵围住了袁盎的住地，想要杀死他。就在千钧一发的时刻，当年他成全过的那名下人突然出现,拼死救他脱离了险地。

袁盎不计罪责,宽恕了那名下人,不仅没有治他的罪,还成全了一对有情人。在这件事上,袁盎放下成见,用宽容成全别人。而最终,那名下人在最关键的时刻救了袁盎一命。

果断放弃成见,体现的便是宽容的力量,它不仅能使他人摆脱困窘之境,解决对方的燃眉之急,还能使自己受到爱戴,收获更多。

放下成见是广阔人生的一种开始,是人生的大手笔;放下成见,是对我们自己和身边人的一种肯定。人际交往中,率先界定对方是非常不足取的。果断摒弃成见,让心里本来就具有的主观判断随风散去,这样问题才能被快速有效地解决,而好人缘也将会在下一秒钟不期而至。

打破惯性思维,让创新思维为决断开路

在人的一生中,如果没有自己的方向,不知道自己的未来在哪儿,总是低着头走路是非常可怕的一件事;总是跟着别人走,也是一件非常可悲的事,因为这样的话,就算我们走再多的路,也都是别人走过的路。

我们每个人都有惯性思维,比如,看到燕子低飞,就会想到下雨;看到商品减价,我们就认为自己赚到便宜了……其实,当惯性思维出现的时候,我们就要学会理性分析,不要被表面现象所迷惑。比如,商品减价,只是商家营销的一种手段,看似减价,其实商品的实际价格并没有降多少,降的只是消费者的心理价位。

跟着别人的思路走,只会让我们人云亦云,只会照本宣科。我们需要的是属于自己的逻辑思维,我们可以任由自己的思维变化,可以将其拉长,也可以将其收缩,这样我们才可以因势而变。

有这样两个朋友,分别是 A 和 B,A 对 B 说:"如果我去买一个鸟笼送给

你,没有别的要求,只要求你挂在你家里最显眼的地方。我敢保证,用不了多长时间,你就会买一只鸟回来。"

B非常惊讶A的逻辑:"我才不会去买鸟呢。养只鸟既要喂食还要喂水,并且还需时时照看,我才没这么多闲工夫呢。"

A听了之后,就去买了一个漂亮的鸟笼送给了B。B按照A说的,把鸟笼挂在了家中最显眼的地方。

至此,B的朋友、亲人,不管是谁来到B的家里,看到鸟笼之后就会问他:"你怎么只有鸟笼啊?鸟笼里的鸟呢?"、"你的鸟什么时候死的?"

B就开始解释,但是朋友和亲人都不相信他的话,有的人甚至认为他竟然会不养鸟,反而把鸟笼挂在家中。B感到非常无奈,众口铄金,积毁销骨,无奈之下,B只好去买了一只鸟养在了笼子里。

这就是著名的鸟笼逻辑,很多人往往会存在惯性思维,并且被这样的思维所操纵,因而在逻辑过程中就会变得条理不畅,不能正确有效地分析问题。很多人往往就被这种固有的条条框框的思维束缚住,遗忘了自己的本来思想,背离了自己的初衷,进而思维越来越乱而难以自持。

其实,生活工作皆是一团乱麻,关键是找出这堆麻绳的头来,不要被惯性思维所左右,这样我们做事的时候才会条理清晰、头头是道。在我们的工作生活中,很多人,包括我们自己,在很多时候都是先在自己的心里挂上这样一只"笼子",接着就不由自主地往里面填进一些丝毫没有用处的东西。我们总是觉得拥有的就是最好的,但是殊不知等到你遇到真正有价值的东西的时候,你的心里已经被毫无价值的东西填满了。

人生的路漫长而遥远,对于大多数人来说是充满了坎坷,"低头走路"往往成为人们的生活习惯和惯性思维。当我们忘记抬头看路的时候,往往会导致事倍功半的结果,最后只能落得费力不讨好的下场。有一个小故事说的就是这个问题。

有一头任劳任怨的老牛终于病倒了,主人很同情它,也很难过。病牛在主人的细心照料下,病情有所好转。在它休息的日子里,他的主人代替它去做那些繁重的工作。老牛实在于心不忍,于是鼓足了全身的力气,拼命拉了一天的犁。

主人欢喜万分,认为老牛终于病好了。但是实际上,它的病情却恶化了许多。看到主人非常高兴,老牛也非常欣慰,为了给主人分担辛苦,老牛第二天又坚持着拉了一天犁。

然而,这次主人不但没有半点儿欢喜,反而有些怀疑:这头老牛病好得这么快?是不是它为了偷懒,所以装病?为了证实自己的想法,主人决定让老牛继续拉犁。尽管病情又恶化了许多,但是老牛为了不让自己勤劳一生的美名毁于一旦,所以又坚持了一天。

老牛坚持了3天,主人欣慰地想:这家伙果然是装病!幸好我聪明,早早识破了!于是他加重了老牛的劳动量,这时老牛的病情已经非常严重了,为了保存仅有的体力,于是它不再想更多的事情了,这时只剩下一味地干活、干活。

最后到了第8天,老牛终于坚持不住了,再次倒下了。这次老牛彻底病入膏肓了!

可是他的主人却毫不同情它:"像这种东西,死了才好!"

老牛的悲哀就在于它只知道一味地苦干,而没有真正理解主人的想法,没有看清方向。有些人往往会有这种思想,以为吃得了苦就能成功,或者没有功劳也有苦劳。其实能吃苦只是我们做事时最基本的要求,更重要的是要有头脑,看得清方向。

成功就是在抬头和低头的交替中实现的。每一次的抬头不仅让我们在忙碌的工作中得到暂时的休息,还可以修正前进途中的方向。每一次低头,都让我们在既定的方向上向前迈进,不断地取得更多的成功。

找对方向、摆脱惯性思维的束缚,我们才能看到更加清晰的未来。太多的准备填满了我们的大脑,但是这些东西就像条条框框一样束缚了我们的思维,如果想要有新的突破,就要率先打破这些惯性思维,当然做到这些是非常难的。

有了鸟笼，我们就会习惯性地认为鸟笼里面必然会有一只鸟；面试官提出了问题，我们的脑子里就应该有与之相对应的标准答案，但是现实往往恰好相反，没有准备往往是最好的准备。金庸的武侠小说《倚天屠龙记》中有过这样一段描写：张三丰在传授张无忌太极剑法的时候，问张无忌还记得多少，张无忌说还记得一大半；当张三丰又问时，张无忌说还记得一小半；当张三丰再问时，张无忌回答说全忘光了。这时，张三丰才说，好了，他可以去比试了。然后，张无忌大胜。

太拘泥于章法，只会让自己不懂得变通、按部就班，想要做到面面俱到，但是结果往往是做不到。面试中的问题多如牛毛，很难数清，更不要谈什么理清了。面对这样的问题，我们正确的做法就是要发挥出主观能动性，不管能否顾全到人生中各式各样的问题，我们都要从容应对，过多的准备会让我们的逻辑性思维受到影响，会让我们丧失掉面对突发问题的应对能力。

让惯性思维随风远去吧，这样我们才能找到真正属于自己的思维方式。学会选择、学会取舍，放弃惯性思维，找到适合自己、属于自己的方向，这样未来才会掌握在我们自己手中。

"断"在胆识

——破釜沉舟，以胆识力挽狂澜

> 不入虎穴，焉得虎子。想要有一番作为，就要有破釜沉舟的勇气。绝大多数人在面对机会的时候总是会犹犹豫豫，不知道该如何选择。优柔寡断只会让机会消失，就算机会再好，我们也无法让其发挥出它本应具有的价值。
>
> 选择的时候，要懂得以小博大，不要总是按部就班地去选择。如果没有魄力，那么你在作选择的时候只会束缚住自己的思想。人生路，看起来很长，但实际上关键的只有几步，这就需要你拿出魄力来。只要你有魄力，一切选择都会变得简单明了。

大志在于胆，大事在于断

我们常说，有志者立长志，无志者常立志，一个人只有胸有大志才能成大事。古今成大事者都是从小就有远大抱负的人，正因为有远大抱负，才使得他们能够在前行路上面对诱惑和困难时果断作出决定，继续沿着成功的方向前进。

一个人拥有远大的志向会让他在面对选择时更加坚定，而这也正决定了他未来能够发展的高度。没有远大志向只会分散你的注意力，这样，你的志向就会因为注意力的分散而变得极易破碎。确定目标，果断地让一切跟随目标走，这样你才能够掌控人生的一切。

魏晋南北朝时期，在宋国南阳有一个名叫宗悫的人，他从小就非常喜欢武功，而且胆量过人。

有一次，叔叔宗炳问他："你长大后的志向是什么？"

宗悫不假思索地回答说："我愿乘长风破万里浪！"宗炳听了非常高兴，不停地称赞宗悫的远大志向。

宗悫的哥哥新婚之夜，他们家里来了十几个盗贼，由于所有人都在忙碌结婚事宜，只有宗悫一个人在家。盗贼们见只有一个人在家，觉得有利可图，但是没想到宗悫勇武过人，击退了这群盗贼。

等到宗悫长大后，果然干了一番大事业。宋文帝时，宗悫被封为振武将军，率兵南征林邑国，这一役奠定了宗悫大将军的地位。

宗悫从小就树立了远大的志向，而且他的志向也是非常有魄力："乘长风破万里浪。"这才是成功者应具有的风范。

纵观古今中外历史，哪一朝的兴衰更替不是源于新统治者的大志？正因为胸有大志，秦始皇才能鞭笞天下、威举宇内、大败六国，完成一统天下的伟业；精卫鸟之所以能够填海成功，就在于它胸有大志，能够持之以恒进行填海；愚公年过九十，但是仍然挖山不止，靠的也是远大志向……成就一番伟业的人之所以成功，就是源自心中的那一股"不成功便成仁"的冲天豪气。

成功之路漫漫，为什么有的人会选择不畏艰险、勇往直前？主要在于他们勇于挑战，就算困难近在咫尺，他们也会抬头挺胸直视困难。相比于畏畏缩缩、避重就轻、一见事情不妙就退缩的人，这些有远大抱负的人就显得非常突出了。远大的抱负因为其气势强烈，才能让成功无所遁形，才能扼住成功的喉咙，成就属于自己的一方霸业。

现今社会是一个竞争的社会，你不冲上前去，就会有人从后面冲上来。逆境之所以显得难以逾越，主要因为我们内心本能的恐惧。面对困难，谁都想暂避风头、躲过一时，但是你越是想逃避，现实就越残酷。如果你能尽早确定远大志向，由内到外散发出一种实现梦想的霸气，那么你才有可能与风浪搏击，才有可能到达成功的彼岸。

拿破仑曾经说："不想当将军的士兵不是好士兵。"这是为什么?想要当将军需要什么?想要当将军最需要的就是统帅者树立远大抱负。

秦朝末年，有一个在政治军事上叱咤风云的人物，他身高八尺，膀粗腰圆，力能扛鼎，他就是西楚霸王项羽。正是因为项羽从小就胸怀大志，所以才成就了他日后起兵反秦、威震天下的壮举。

公元前221年，秦始皇一统天下。秦王称帝后，抓捕其余6国贵胄遗民，项羽的家族就在通缉名单中。项羽从小就死了父亲，由他的叔叔项梁照顾。他们隐姓埋名，在吴中避难。项梁叔侄心中暗藏报仇雪恨的决心，就等时机一到，一举推翻秦朝的统治。

项羽年幼时，项梁教他书法，项羽学得很没耐心。成年后，项梁又教他剑术，项羽学了3天后又不学了。项梁见项羽不学文也不学武，非常生气，就狠狠地训斥道："你这么不学无术，怎么能报得了国仇家恨?"

不料项羽却不以为耻，他说："学习读书写字，能记住姓名就可以了;学习剑术，也只能和几个人作战。我要学就学习兵法，指挥千军万马。"项梁听后非常惊喜，认为项羽胸有大志，于是，项梁就悉心教导项羽学习兵法。生性粗犷急躁的项羽虽然学得不是很深入，却对排兵布阵很感兴趣，竭尽全力学习战略战术，总结以智取胜的诸多兵法。

正因为项羽从小就立志要报国仇、雪家恨，再加上他性格粗犷、力大无穷，吴中子弟都十分钦佩他。项羽非常喜欢武术，在吴中结交了很多和自己年纪相仿的有志青年，他们受项羽影响，都喜欢使枪弄棒。待到项梁起义时，已有一批有志之士，整编起来足足有8000人，他们自称为江东子弟，成为日后项氏打天下的中坚力量。

秦始皇统一天下以后，为了巩固政权，就在全国各地巡游以炫耀自己的功绩，镇压反抗势力。战国末期，楚国在其余6国中最强大，抗秦也最坚决。秦始皇统一天下之后，对楚地实行高压统治，对此楚地人民非常不满。当时楚地流行一首民谣，其中两句是："楚虽三户，亡秦者必楚。"

公元前 210 年冬，秦始皇又一次出巡，重点到江浙一带巡查。秦始皇一队人马仪行严肃，场面十分壮观。吴中这次接待秦始皇的事宜就由项梁全权负责。当时，项羽已经 22 岁了，俨然一个勇武过人的青年。项梁把项羽放到最紧要处，以便能够随时观察到秦始皇。站在两旁的百姓看到威风凛凛、华丽异常的车驾奔驰而来，都呆呆地站在旁边，连大气也不敢喘。

然而，唯独项羽站在人群里，比别人高出一头，瞪着炯炯有神的大眼，不禁脱口而出："彼可取而代也。"站在项羽身后的项梁听到这话后惊出一身冷汗，连忙用手捂住了项羽的嘴巴，小声说："不要胡说，这是要灭族的。"项梁虽然口头上责备了项羽，但是心里却是一阵暗喜，他非常惊讶项羽竟有如此的胆识和壮志，竟然敢藐视秦始皇，想要取而代之。

这一年，秦始皇在回咸阳的路上得病死了。第二年，秦二世即位后没多久，陈胜、吴广就在大泽乡起义，项梁和项羽也起兵反秦。

后来，在行军打仗中，项羽骁勇善战，对秦兵视如无物，尽情地展示了一代英豪的威风，而这也正是项羽远大志向延续下来的结果。

人生短暂，如果我们想要活得辉煌、活得轰轰烈烈，就应该从小就树立远大的志向，而人正是因为有了志向才会勇敢前进，才会永远执着于梦想，为了实现目标而锲而不舍地去努力奋斗。我们要勇敢地面对现实，因为我们没有逃避责任的义务，这样我们的人生才会变得精彩。

梦想之所以伟大，就在于实现它的人伟大；人生之所以精彩，就在于追求梦想的道路精彩。努力奋斗，让梦想在我们奋斗的路上开花结果，这样我们才能经过自己的努力，实现心中那一个永远不会消失的梦想。

勇于直面错误，做命运的强者

著名文学家鲁迅在《记念刘和珍君》一文中曾写道："真的猛士，敢于直面惨淡的人生，敢于正视淋漓的鲜血。"如果我们总是选择逃避，等待我们的将会是现实给予的最无情的打击；如果我们果断选择积极地面对问题，敢于正视自己、敢于正视世界，我们才能说自己是真正的勇者。

敢于站出来面对问题的人会产生强大的人生魅力，而正是这样的魅力将会让身边的人感到一种莫可名状的凛然力量。

无论是在生活还是工作中，当责任、当问题出现的时候，我们就要勇敢地站出来，不是让我们害怕责任，而是让责任、让错误害怕我们。我们应该像弹簧一样，当责任大的时候，我们有力量；当责任小的时候，我们有韧性。错误越大，我们就越应该主动承担，展现出自己果断的力量。

康熙十二年春，康熙皇帝作出撤藩的决定，想要缓解三藩（平西王吴三桂、平南王尚可喜、靖南王耿精忠）对自己的威胁。但是吴三桂却不买账，采取了极端的措施，准备和康熙大唱对手戏。一时间，吴三桂的军队势如破竹，致使多地沦陷于吴三桂手中。看到这样的局面，康熙一时间想到了逃避，不想再做皇帝了。

清代杰出的女政治家孝庄太后对康熙说："想解决问题，最好的办法不是逃避，而是勇敢承担起自己的责任，这样你才能打败自己的心魔，改变现在不利的局面！"

康熙顿时恍然大悟，便大胆起用汉籍将领，让他们作为征西的先锋。最后，历时8年的三藩之乱被平定，康熙巩固了自己的帝位。

不管是在工作还是在生活中，我们每个人都应该有担当、有勇气承担起自己的责任。在什么样的位置，就应该承担起什么样的责任。

我们常常会把"责任重于泰山"放在口头上，但往往说得多而做得少。既然是自己做的事情，不管是好还是坏，我们都应该勇于承担，这才是我们每个人应该做的。敢做敢当，并不仅仅停留在口头上，更应该每一天身体力行地去做。而这样的超强责任感会让我们形成一种魅力气场，而这样的气场就会不断影响到我们，让我们明白，果断担当会让我们收获更多。

儒家学派的创始人孔子说："知错能改，善莫大焉。"如果我们出了过错，总是搪塞、掩饰，这样只会让小错变成大错。犯了错误就要勇于承担，这样，别人不仅不会嘲笑你，反而会被你的精神所折服。很多成功人士皆是如此，当问题出现的时候，他们永远是第一个站出来的人，因此让我们可以看到他们伟岸的脊梁和坚毅的目光，而正是这样的处世态度才让他们走在了众人的前列。

三国时期，马谡失了街亭而导致蜀国兵力大减。无奈之下，诸葛亮只得转攻为守，把大批人马调回汉中，然后再做长远的打算。

当时，蜀军的粮草都屯在一个名叫西城的小县里。大军撤退时，诸葛亮不愿放弃这些粮草，于是亲自带了3000人马去西城，打算把粮草一并运回汉中。但是，天有不测风云，就在这时，司马懿亲率15万大军兵临城下。3000对15万，这仗怎么打？城内的兵将听闻这个消息后都不寒而栗。

诸葛亮斟酌再三，果断下达命令："把城里的军旗放倒，所有士兵坚守城池。如果有人敢擅自出城、擅自喧哗，定斩不赦！"不仅如此，诸葛亮还吩咐兵士打开四面的城门，每一扇城门外都派20名士兵乔装成百姓的士兵，装作若无其事地扫街。

安排就绪，诸葛亮头戴方巾，身披鹤氅，带着两名琴童背着琴登上了城头，摆出一副镇定自若的样子，一边抚琴，一边饮酒。

司马懿的先锋部队来到了城外，看到诸葛亮在城上从容地抚琴，城门外的百姓也非常镇定，先锋部队的心里就开始打鼓，这是什么情况？因为害怕中了诸葛亮的埋伏，先锋部队便停在了城下，等待司马懿到达之后再作决断。

司马懿也并非等闲之辈,他同样是一位精通音律的大将。当他听到诸葛亮所弹奏的琴声中没有一丝慌乱,有的只是淡定和从容的时候,不由得心中大为惊讶。司马懿认为诸葛亮的援兵已经到了,就马上调转马头,退回了魏国。

诸葛亮看见司马懿大军退去,大笑一声,对手下解释道:"司马懿平素非常谨慎,他知我也是如此。如今我安坐城上,从容抚琴。曲调悠扬,没有错误。他不知我们虚实,便只好退兵了。"

诸葛亮的空城计被国人传颂,一直流传到现在。如果我们换一种角度去思考就会发现,诸葛亮本可以弃城离开,但是却果断地选择留下来坚守,守住自己的强大责任,由此可见,勇敢地站出来,我们的人生才会变得豁达、变得精彩。如果我们总是不敢承担,不仅成功不会眷顾我们,而我们的人生也会因此变得苦涩。

一位伟人曾说:"人生所有的履历都必须排在勇于负责的精神之后。责任是使命,责任是动力,一个具有强烈事业心、责任感、对工作高度负责的人,才可能有强烈的使命感和强大的内在动力,才能做好本职工作,才能勇于担当;而一个没有事业心和责任感的人是不可能勇于担当的。"

人生贵在担当,我们既然做了,就要对自己做过的事情负责,这样,我们的人生才会依靠果断担当产生无法比拟的力量。林则徐曾说:"苟利国家生死以,岂因祸福避趋之。"不管事情如何,既然是你的责任,你就应该勇于承担起自己的责任。

伟人之所以是伟人,就是源于他们不断奋斗前行的精神和勇于担当的勇气。人生就是一个自我实现的过程,而我们要做的就是承担起自己所需要承担的责任,尽到自己应该尽的义务,这样,我们才能说我们的人生没有荒芜。

无所畏惧是一种临危不乱的果断

真正取得成功的人都是果断选择、无所畏惧的人,他们敢于走常人不敢走的路,敢于在黑夜中寻找光明,正是这样的一种坚持,才使得他们取得常人难以想象的成功。

胆怯是成功者的大敌,如果我们总是思虑良久并且总是犹豫不决,迟迟作不出决定,那么我们只会延误时机,等到机会错过的时候,我们才会幡然醒悟,因此,在获取成功的路上,不要惧怕什么,你走的路都是你所选择的,既然选择了,就要坚持走下去。当你想要放弃的那一刻,你要想想,当初为什么坚持走到了现在。抛弃胆怯,无所畏惧,你才能看到更加灿烂的明天。

美国著名心理学家弗洛姆曾经做过这样一个实验,他找来几名学生,把他们带进一个伸手不见五指的神秘房间。这几名学生匆匆穿行而过,并没有感觉到有什么不妥。

过了一会儿,弗洛姆打开了房间的一盏灯,但是房间仍然显得比较昏暗。这时,学生们被身边的景象惊呆了,原来,这个房间的地面就是一个很大的水池,水池中有各种各样的毒蛇,有的毒蛇竟然昂起头,"咝咝"地吐着芯子,而弗洛姆和这几名学生就是从水池上面的木桥上走过来的。

弗洛姆问学生们:"现在,你们还有谁愿意从这座桥上走过去?"

学生们听后面露恐惧、心生胆怯、面面相觑,很长时间都没人作声。

过了一会儿,有3名学生站了出来,他们两腿都在打战,好像桥下的毒蛇近在咫尺一样。第一名学生来到木桥上,然后小心地走着,速度非常缓慢;第二名学生走到一半的时候,就再也坚持不住,停下了;第三名学生一开始就不敢走动,他趴在桥上慢慢挪动,费了九牛二虎之力才走到了对面。

过了一会儿，弗洛姆又打开了房间里的几盏灯，房间里顿时亮堂起来了。学生们再看桥下，他们发现，桥下不远的地方就放着一张安全网，因为网的颜色是黑色的，在昏暗的屋子里学生们都没有发现。

弗洛姆又问："现在，你们还有人敢通过这座桥吗？"

学生们再次默然不语，弗洛姆问学生们为什么，学生们反问："这张网的质量怎么样？能承受住我们所有人的重量吗？"

弗洛姆微笑着说："这座桥其实并不难走，只是桥下的毒蛇影响了你们，让你们失去了信心，产生了胆怯心理，你们被这种胆怯的心理所影响，是很难通过这座桥的。"

其实，人生就是如此，太多的顾虑会让我们的心灵披上枷锁。面对挑战的时候，失败的原因并不是因为我们力有不殆，也不是因为我们智商不够，更多的则是因为我们没有自信，面对困难而心生胆怯，就无法让成功到来，就会让失败成为一种必然。

所谓"无知者无畏"，在面对很多问题的时候，新人往往比较有魄力，他们初生牛犊不怕虎，敢于迎难而上，最后成为了胜利者。由此可见，只有不畏惧，我们才能展现出自己的魅力，才会产生正面思想；如果心生畏惧，及早给自己下了定义，到最后只能看到成功的背影。

苏格拉底说："人失去了勇敢就失去了一切。"人只有战胜恐惧，才能活得勇敢。其实很多事情远没有想象中那么复杂，就算是死亡也不过是另一种睡眠，我们的担心仅仅是在杞人忧天，不仅没有解决实际问题，反而会让自己的魄力消失。

建安五年，曹操在官渡之战中以少胜多，大败袁绍。此后军威大振，曹操也更加雄心勃勃。

建安十二年七月，曹操胸怀统一北方之志，统领大军出卢龙寨，日夜抄道疾进，远征乌桓。大军一到柳城即大败乌桓骑兵，杀死了单于蹋顿。袁绍的儿子袁尚、袁熙从柳城逃命至平州公孙康处。曹操手下的大将知道后，劝曹操乘胜出击，拿下平州，剿灭袁氏兄弟。曹操深知公孙康与二袁不合，如果急着去进攻平州,那么他们肯定会合伙抵抗。如果再等一段时间,等对方内部发生变动然后再伺机行动,定会收效更甚。于是,他毅然力排众议,下令收兵。果然没过几天,公孙康就把袁氏兄弟的头颅送了过来。这样曹操北征乌桓、统一北方的大业算是完成了。

中秋刚过,曹操便下令班师回朝。大军经过10多天的艰难跋涉,终于走出了满目荒凉的柳城,来到了河北昌黎。这里东临碣石,西邻沧海,曹操屹立山巅,眺望大海,夕阳西下,碧海金光,远处的岛屿若隐若现,近处的海浪又滚滚向前……眼见如此壮丽的景色,曹操不禁诗兴大发,脱口吟道:"东临碣石,以观沧海。水何澹澹,山岛竦峙。树木丛生,百草丰茂。秋风萧瑟,洪波涌起。日月之行,若出其中。星汉灿烂,若出其里……"其雄心壮志溢于言表。

返回军营之后,曹操仍心潮起伏,久久不能平静,他想:北方的袁绍、蹋顿虽然已经被征服,而南方的孙权、刘备却仍然割据一方,祖国的统一大业尚未实现。这时的曹操已是53岁的人了,但自感重任在身,统一大业的使命仍在召唤着他。想着想着,他便激情难耐,豪情又起,大踏步跨至案前,挥笔写下:"神龟虽寿,犹有竟时。腾蛇乘雾,终为土灰。老骥伏枥,志在千里。烈士暮年,壮心不已。"

好一个"老骥伏枥,志在千里"。正所谓"有志不在年高,无志空活百岁"。即使年老,但依然雄心壮志。从曹操的诗歌就可以看出他热爱自然、蔑视天命、老当益壮、志在千里的积极志向,抒发了他变革现实、统一天下的豪情壮志。

当一个人无所畏惧的时候,就是他壮志得酬的时候。我们可以毫不夸张地说,通往梦想的捷径只有一条,那就是自信、就是坚持。我们要有为梦想不断奋斗的勇气,因为要想取得成功,最大的敌人就是自己。很多人正是不能坚持到底而倒在了奋斗的中途。达不到成功,只能承认失败。世上没有一蹴而就的成功,有的只是坚持不懈的努力。即使年华已老,也要壮志不减当年,这样才能让梦想的阳光照进现实。

无所畏惧的人才是命运的强者，他们敢于直面所有的困难，并且能够解决所有困难。将军一怒，挡者披靡，只有拥有这样无所畏惧的思想，我们才能拥有解决一切问题的自信，只有这样，失败才会在我们无所畏惧、果断行事的气场中化为齑粉。

果断不是冒险，而是力挽狂澜的魄力

不入虎穴，焉得虎子。这句古话正是敢冒风险、勇于实践的最佳写照。市场就像险象丛生、波涛汹涌的大海，想在其中占有一席之地，并做出一定的成绩，必须具有敢于挑战自我的勇气。想创造财富却不能果断冒风险，无异于天方夜谭。

人生中何尝不是如此？处处险象环生，冒险可以让一切问题变得简单。一个人一生应该怎样度过，是要随波逐流，还是要小心翼翼？其实，这些都是普通人做的。综览现在的商界，我们敢于冒险的人却少之又少，即使看到时机到来，他们也不敢马上抓住，总是怕担当风险。然而现代社会不需要这种怯懦的性格，如果没有冒险的精神，世界商业就会如死水一般，让人看不到生机。

看看那些商场强者，他们哪一个不是让人敬仰的冒险家？倘若比尔·盖茨当年没有冒险退学，那么就没有现在的微软；倘若乔布斯当年没有冒险投资苹果，那么现在人们一定不知道"苹果"为何物……

的确，这些强者在奋斗之路上也有过恐惧，但是他们会克服自身的恐惧，向不确定的世界迈进，而不像那些缺乏勇气的人，只能平庸地像蜗牛一般存活。稳健而保守，只能让你碌碌无为，让你守着蝇头小利度过一生。

非洲有一片草原名叫塞伦盖蒂大草原，在这里生活着一大群角马。

每年夏天，数以万计的角马从干旱的塞伦盖蒂大草原迁往马赛马拉湿地，因为它们需要生存、需要水源。

长途跋涉过程中，角马必须依靠格鲁美地河的水源生存，但是此时也会有各种各样的危险，有河流湍急冲走的危险，也有陆地霸主狮子的突袭，还有水中魔王鳄鱼的致命一击。角马对这些危险非常清楚，但是水源只有这一处，如果不喝，它们就会死亡。

这群角马中有一只头马率先走近了水源，其他角马则犹犹豫豫地向前走着，它们很长时间都没有喝过水了，按理说，它们应该会疯狂地往前冲，根本不会去管头马是否情愿，就会直接把头马挤到河里。

然而，当它们看到头马被湍急的河流冲走之后，就变得慌乱起来，而且还十分犹豫，这时，有一只小的角马从犹豫不决的马群中走了出来，开始疯狂地喝着河水。过了一会儿，有几只角马也走过来喝河水，而剩下的大部分角马因为害怕而不敢前进，只能忍受着干渴。这样，时间一长，绝大部分角马都干渴而死，最终也没有走到它们的目的地——马赛马拉湿地。

生活中的我们是不是也像角马一样，或是躲在人群中不敢出来，或是选择在恐惧中观望梦想？甘于平庸必然会被这个社会所淘汰；放弃追求必然会沦为现实的奴隶。大多数人只是习惯看着别人成功，而自己则会选择干熬，这时，你必须采取变化、必须采取行动，敢于冒险，只有勇于冒险的人才能取得大的成功。

成功者所要走的每一步都需要冒险精神支持，风险与机遇并存，我们知道，走错一步，满盘皆输，但是，不敢冒险就意味着走老路，这样我们只会永远跟在别人后面。成功不是等出来的，冒险可以为我们带来新的道路。不敢冒险，只会让我们一辈子平庸。敢于冒险，敢于做常人不敢做的事，这样我们才能无限趋近成功。

也许我们会认为冒险家是天生的，而很少有人会有这样的想法：冒险精神并不是与生俱来，它多半是经冒险、失败、再冒险、再失败，一步步锻炼出来的。保证什么都不会出差错的人，一般不能成什么大气候。那些一流的强者只要认定某件事情值得做,就会去冒险。这是一种果断的力量,只有内心强大并且勇于实践的人,其冒险背后的成功才会如风而至。

能够成为美国混合保险公司创始人的史丹决不是靠运气成功的,从小到大,他都时刻记着母亲的一个行为习惯——立即就做。

母亲的这个习惯在史丹的身上得到了很好的遗传。有一年,在他还未发迹之时,史丹突然听说了这样一个消息:曾经生意兴隆的宾夕法尼亚伤亡保险公司因为经济大萧条发生了危机,现在已经停业。这家公司属于巴尔的摩商业信用公司所有,他们决定以160万美元将这家保险公司出售,以缓解经济压力。

这个消息让史丹兴奋异常,因为他已经有了一个不花1分钱就可以获得这家公司的妙招。虽然他不能保证百分之百地成功,但他还是固执地认为有可行性。因此,只要放弃的念头一出现,他就马上对自己说:"立即就做。"

几日之后,史丹开始行动了,他带着自己的律师与巴尔的摩商业信用公司进行谈判。史丹没有过多犹豫,开门见山道:"我想购买你们的保险公司。"对方谈判人点头回答道:"当然没有问题,只要你能拿出160万美元,它就属于你的了。请问,你有这么多钱吗?"

史丹微笑着说:"我暂时没有这笔钱,不过我可以向你们借。"

对方瞪大了眼睛,惊讶道:"你说什么?"

史丹没有着急,依旧心平气和地说:"你们商业信用公司不是向外放款吗?我有把握将保险公司经营好,但我得向你们借钱来经营。"

在当时所有人看来,史丹的这个想法无疑是非常荒谬的,商业信用公司出售自己的公司不但拿不到钱,还得借钱给购买者经营,而购买者借钱的唯一理由就是自己拥有一帮出色的保险推销员,一定能经营好这家保险公司。不过,对方并没有因此就武断否决,他们经过了一番调查后,渐渐对史丹产生了兴趣。

就这样,奇迹上演了:史丹果然没有花1分钱就拥有了属于自己的保险公司。之后,他将公司经营得十分出色,成了美国很有名的保险公司之一,而他本人也成了显赫一时的大富豪。

史丹那种看似"疯狂"的思维,其实我们何尝没有过?但是一些人空有挑战的决心,却没有挑战的行为。因此,当他们看到别人成功时,只会无比后悔地说:"其实我也想到了,只可惜我们没像他那样去做。"

冒险为的是让自己寻求突破,是为了让自己取得更大的成功。机会出现时果断冒险,我们才能看到别人看不到的美丽风景。敢于实践,让冒险精神为我们开辟未来的道路。敢于冒险的人都是不甘于平庸、为了梦想付出努力的人。

"断"在多思
——三思而后行,步步要经心

> 我们在作决断的时候,不要头脑一热或是情绪上来就盲目选择。作决断的时候要引起重视,全面分析、多思考,这样我们才能降低决断的风险,才能够作出更好的选择。
>
> 退后一步思考是重视选择的一种体现。反思不是浪费时间,而是让我们能够综合所有因素之后再去作出判断,这样我们才会有信心去判断,判断之后才会有信心把问题解决掉,而我们所期待的成功也将会在下一秒钟出现。

三思是为了更好地决断

遇事之前进行三思,问题就算再烦琐,我们也能找到解决问题的关键点。有人认为思考只是在平白无故地浪费时间,但是你要知道,思考是为了让自己从忙碌急躁的情绪中抽身而出,冷静看待身边的烦琐事情。

人生就是一场博弈,如果我们在不了解对方的意图或者事件走向的时候就作出决定,那么成败就只能依靠运气了。作出决断并不是莽夫行为,而是需要我们权衡一切、想好进退之后再作出的决定,这样的决定才是完美的,才是不会让我们后悔的。

杨素是隋朝重臣,他奉命建造仁寿宫。为了能够把宫殿建造好,杨素没有过多地去考虑预算,只是一心想把仁寿宫建造好。

仁寿宫建好之后,隋文帝看到宫殿过于奢侈华丽,便非常生气,痛骂了杨素。杨素感到非常慌乱,就找来了足智多谋的封德彝,向他请教。

封德彝笑着说:"你不用担心,等皇后看过宫殿之后,皇上就会不怒反喜,并且会马上召见你,还会大大褒奖你!"

杨素听完封德彝的话之后将信将疑。好不容易熬到第二天,可事实却正如封德彝所料,隋文帝和独孤皇后果然召见了他,独孤皇后见到杨素顿时眉开眼笑,还不断地夸赞他办事得力。

杨素得到独孤皇后的赞赏之后非常高兴,就去找封德彝,问他为什么能算得这么准。封德彝饶有深意地笑了笑:"你应该知道,皇上以节俭为荣,所以你造的仁寿宫明显违背了他的这条原则。但是,独孤皇后是女人,她喜欢奢华漂亮的宫殿,你造的仁寿宫正合她的心意。皇后高兴了,皇上自然就会开心。"

事实上,封德彝早就知道,隋文帝不仅节俭,而且还非常怕老婆。有一次,隋文帝和后宫的一个女子来往非常密切,被独孤皇后知道了,她就趁隋文帝上朝之机把这个女子杀死了。

隋文帝事后得知此事,悲痛之下,竟一个人骑马离开皇宫,大臣们怕他寻短见,就赶紧追了上去。隋文帝悲不自胜:"朕现在贵为天子,竟然一点儿自由都没有!"

隋文帝怕老婆竟怕到这种地步,也正因为此,封德彝才敢作出判断,说杨素会得到奖赏。经过封德彝的这一番解释,杨素不由得竖起大拇指,夸赞他说:"你的推理能力比我强多了!"

多去观察、多去体会,我们才会像封德彝一样静下心来思考,等到我们考虑清楚了,决断也就会自然出现了。其实,人世间的一切都是人事,而人事都是心事,作决断需要针对的也是这些心事。做决断就在于此,往往左右决断的是我们的心态。

放慢自己的脚步，不要因为一味地奔跑而忘记了自己当初为什么而出发。决断是发自我们本心的一种判断，只有冷静分析，问题的解决才会变成一种必然，停下来思考并不是我们心存畏惧，而是为了把决断做到完美。

我们每个人都不是完人，我们每时每刻都需要学习、都需要思考，只有这样才会让人生变得更加完美。工作与生活中，我们会遇到各种各样的问题，决断成了我们经常要面对的一件事情，如果我们每次都因为没有认真思考而作出决定的话，那么我们的努力都将会因为决断错误而全部消失。

静下心来反思，是对自己人生的一种负责。决断需要的是长期的积淀，更需要作出决定前的长时间思考。围棋术语中有"长考"、"大长考"等词汇，正因为思考之后再作决定，才会使得决断的力量完全展现出来。

有一位中年农夫时常感到生活的枯燥和困苦，便上山找到一位禅师，哭诉道："禅师，几十年了，我一直没有感到生活中有丝毫的快乐：房子太小、孩子太多、妻子性格暴躁……您说我应该怎么办啊？"

禅师想了想，问他："你们家有牛吗？"

"有。"农夫点了点头。

禅师说："你回去后，把牛赶进屋子里来饲养。"

虽然农夫有些丈二和尚摸不着头脑，但他很虔诚地听从了禅师的指导。可一个星期后，农夫又来找禅师诉说自己的不幸。

禅师问他："你们家有羊吗？"

农夫说："有。"

禅师说："那就把它放到屋子里饲养吧。"

可这些丝毫都没有扭转农夫的苦恼，于是他又找到禅师。禅师问他："你们家有鸡吗？"

农夫回答:"有啊,并且不只一只呢。"

禅师说:"那就把你所有的鸡都带进屋子里去养。"

从此以后,农夫的屋子里便有了七八个孩子的哭声、妻子的呵斥声、一头牛、两只羊和十多只鸡。3天后,农夫就受不了了,他再度来找禅师,请他帮忙。

"把牛、羊、鸡全都赶到外面去吧。"禅师说。

第二天,农夫来看禅师,兴奋地说:"太好了,我家变得又宽又大,还很安静,我感到从未有过的愉快!"

事实上,农夫的日子与以前相比没有丝毫的改变,但从此以后他却感到生活中处处充满了乐趣。农夫不懂得思考,其实,他已经处于快乐之中,只是他没有停下脚步思考。禅师的一番话惊醒了梦中人,让农夫重新看到了环绕在自己身边的快乐。

在作出决定之前,你就要对自己将要作出的决定有一个估量,决定引发的结果是利大于弊,还是弊大于利,只有分清这些,你才能作出更完美的决断。

三思,为的是分担决断的压力。人生中的每一次选择都有其特定的时间,你要做的就是把时间合理分配,让决断在充裕的时间里散发出更加耀眼的光彩。

我们每个人都有自己的决断方式,不管是选择向左还是向右,我们要做的就是不要让自己在作出决断之后后悔。深思熟虑是对决断负责,更是为自己负责,只有这样,你才能离决断之后的成功更近一步。

退而思，才能断而上

俗话说："当局者迷，旁观者清。"很多时候，我们因为总是离问题太近而找不到解决问题的方法，越是如此，我们就越需要从当局者中走出来，退后一步进行观察思考，如此，我们才能把问题看得更加清楚，决断也会因为我们的退让而变得清晰合理起来。

社会上的人形形色色，在与人相处的过程中，我们会遇到很多矛盾和问题。在面对不同的选择时，我们不能仅凭自己的心血来潮或一时意愿，一定要保持理智和冷静。要想做到这一点，前提是必须懂得退让之道。

中国有句古话："争是不争，不争是争。"这句话虽然说得简单，却包含了非常深奥的哲理。处处争先看似主动，其实非常被动。你的意图是明显的，行动更是外露的，别人对你做的事看得一清二楚，经常是争了半天什么也没得到。如果适时地退让一步，暂时放手，那么就很有可能变被动为主动，以退为进。成功的决断往往就在退让中向你走来，经过一番思考作出的决定往往能够收获到非常好的效果。

清朝中期，宰相张英平时非常注重修身养性，不仅尊重他人，更受到了他人的拥戴。

张英对父母特别孝顺，他在朝廷为官时把父母安顿在家乡，只要稍一得闲，就会回家探望。

有一次，张英回家探望母亲，看见房子已经有些破损了，就找人开始修理房子。等到一切准备就绪后，张英才安心离开家。

张英前脚刚走，隔壁住着的一位姓叶的侍郎后脚就来拜访。原来，叶家也想扩建一下自己的房屋，并想把两家之间的空地占为己有，但是张英在做准备的时候已经把那块空地划在自己家的范围内了。这样一来,两家就发生了争执,谁都不肯退让。

张英的母亲一怒之下就给张英写了封信,让他马上回家处理这件事。张英读完母亲的书信后,只回了一首短诗:"千里修书只为墙,让他三尺又何妨?万里长城今犹在,不见当年秦始皇。"

母亲读完张英的家信之后,当即就明白了儿子的意思。为了3尺土地而气坏身子、伤了和气,岂不是太过不值?不如退让一步,双方相互尊重。

于是,张英的母亲就主动把自家的墙退后了3尺。叶侍郎看到后深感惭愧,也把自家的墙退后了3尺,并且主动找张老夫人道歉。如此一来,两家之间就空出了6尺宽的巷子。

这就是流传至今的相互礼让、相互尊重的6尺巷的故事。

人要学会释然,问题才能被解决。退让在一定程度上就是放下,不管是名利权势,还是艰难困苦,我们要做的就是不萦于怀。要知道现在所有的一切都将成为历史,荣誉也是如此,荣誉只代表过去,而未来则在你的心中,过多纠结只会阻挡住我们前进的步伐。

拥有退让的情怀,当问题出现的时候,我们才能退而思,退而思之后才能断而上。退让能让我们从复杂的矛盾冲突中摆脱出来,冷静作出最恰当的决断,一切问题才会迎刃而解。

很多人认为,前进才是我们人生的主旋律,退让则是一种懦夫的行为。但是只顾前进只会让我们失去必要思考的时间,思考是一个人或者一个国家发展的根本动力,一个不懂得思考的人或者国家是不可能有大成就的。

懂得退让思考再去决断的人,他的所图之志必定不小。正因为有这样一种退让思考的能力,我们才能看到更加清晰的未来。

明朝初年,明太祖朱元璋的太子朱标不幸亡故,于是朱元璋改立朱标的儿子朱允炆为皇太孙,这让朱元璋的其他儿子非常不满意。朱允炆敏锐地感受到了自己的叔叔们对自己地位的觊觎之心,于是在即位之后开始大肆屠杀那些皇叔。最后，朱元璋的儿子中就只剩下燕王和宁王两个人了。不是朱允炆想要放过他们，而是朱允炆认为他们两个势力庞大，一时间不好下手罢了。

燕王朱棣是朱元璋的第4个儿子。朱棣勇武异常，在沙场上所向披靡，战功无数。当时，朱棣驻守燕京，朱允炆对他最为忌惮。

朱允炆为了除掉朱棣，就派人去燕京拿下他的军政大权，同时收买了朱棣的亲信葛诚，让他监视朱棣的一举一动。朱棣感觉到了身边杀机四伏，就假装卧床不起。

朱允炆自然不相信，就派人去打听虚实。当时正值盛夏，酷热难耐，朱棣却身穿厚皮袄坐在炉子边上，上下牙不住地打战，还拼命大嚷天气太冷了。

派去的官员们看到这种情况，便认为朱棣真病了。但是葛诚却不这么认为，以他对朱棣的了解，朱棣不可能得这种怪病。朱允炆听到了葛诚的汇报，命令朱棣即刻进京面圣。

张信原是朱棣在金陵做皇子时候的好朋友，他们两人兴趣相投，并且张信还受到过朱棣的许多恩惠。张信不忍心看到朱棣受到朱允炆的侮辱，就去向他告密。朱棣仍然假装生病，张信当时就急了："我冒着杀头的危险来帮你，你怎么还这么对我？"朱棣这才起身和张信商量对策。

由于当时燕京的军政大权是由两位朝廷大臣掌握的，所以要想推翻朱允炆的统治，最重要的就是杀掉这两个人。于是，朱棣就谎称自己要去京城请罪，请两位朝廷大臣来燕王府把自己的手下捉拿法办。那两个官员不知道其中有诈，到达燕王府以后，立即就被朱棣布置好的伏兵逮捕了。与此同时，燕王府的内奸葛诚也被朱棣给揪了出来。然后，朱棣用自己早早训练好的一支精兵迅速地控制了燕京。

接下来，朱棣率领燕京的大军向金陵发起进攻。经过几年的僵持，最后朱棣成功推翻了朱允炆的统治，自己当上了皇帝，他就是历史上的明成祖。

朱棣的成功，在于他面对朱允炆试探的时候选择了以退为进。他没有盲目下决定,更没有威胁到朱允炆,正因为这样,他的一切行动才得以在暗中进行,最终,朱棣因为退让求思考而取得了成功,并且成功登基称帝。

退后一步,你的视野才会更开阔,才会看到决断之后所触发的一切利弊因素。当你不能冷静处理问题,当决断变得困难时,你不妨转移角度,摒弃浮躁的情绪,你才能在思考之后作出最恰当的决定。

越是浮躁,越要反思

被称为"奇迹创造者"的法国人拿破仑说:"等待与机会同在。"善于等待的人总是能收敛起自己的浮躁情绪,事情做起来才会事半功倍。有的人总是带着情绪作出决断,这样的决断只会缺乏长远规划,等到他们因为浮躁决定而撞得头破血流之后,才会幡然醒悟,但是这时已经晚了。

浮躁的时候,我们要学会等待,人生中的每一件事都有其固定的时间,我们不必刻意去追求速度,要学会等待,等待可以让浮躁的情绪停止,也可以让我们看到更加光明的未来。

等待不是一味地坐以待毙,而是让你的内心沉静下来,让不理性的思维从你的脑中消散。等待就是让你摒弃浮躁,变得有耐心起来。诚然,等待是痛苦的,但是很多时候,你又不得不等待,但是等待并不意味着被动,而是让你更加清晰地看到左右决断的关键因素。

在很久以前,有一个农夫是一名年轻的小伙子,他想要和情人约会,但是小伙子是一个急性子,来得太早,他见情人还没来,就无可奈何地选择了等待。

就在小伙子苦恼的时候,他的面前出现了一名侏儒,他对小伙子说:"我知道你为什么闷闷不乐,你拿着这颗纽扣把它缝到你的衣服上,当你失去耐心,不能等待的时候,就转动这枚纽扣,这时,你就会穿过时间,想要去哪里就能去哪里。"

小伙子听了非常开心,他接过纽扣并将它缝到衣服上,并在即将失去耐心的那一刻转动了纽扣,奇迹出现了:他发现情人就在眼前,而且还在对着他微笑。

小伙子心想:如果我能和她结婚,那就更好了。于是,小伙子又转了一下,没想到婚礼真的举行了,嘉宾满座,管乐齐鸣。小伙子抬起头,看见妻子那双好像会说话的眼睛,心想,嘉宾太多,如果没有人,只有我们两个人享受二人世界该多好啊!小伙子又转动了一下纽扣,身边就真的出现了一座大房子。

接下来,小伙子沿着自己的轨道穿梭于时间的隧道,转眼间,他就儿孙满堂了,而他也变成了一个老态龙钟的老人。他体验到了人生种种,再也没有心情去转动纽扣了。

当老人回首往事,他对自己不能耐心等待追悔莫及,他忽然发现,其实,等待在生活中有着非常独特的意义,他多么想回到自己年轻的时候。于是,小伙子用力把纽扣从衣服上扯了下来。这时,小伙子惊醒了,原来这只是一场梦。

有了这样的梦幻经历,小伙子已经学会了等待。

耐心等待不是在做无用功,而是在积蓄力量。我们只有学会耐心等待,心中的焦躁不安才会烟消云散。等待可以让我们更好地决断,成功的道路很漫长,才会显出每一次决断的重要性,学会静下心来等待、静下心来审视,决断才会因为我们的重视而变得完美。

成功是一条漫长的道路,而成功需要审视,更需要我们拥有超强的耐心,真正有魄力的人是耐得住寂寞的人,他们懂得什么时候应该展现魄力、什么时候应该冷静思考,正是因为有了这样的判断力,才使得成功的这些人越来越成功。

西晋末年,朝廷腐败,奸佞当道,社会动荡不安,中国再次陷入了地方割据的状态。战争持续了数十年,天下大势终于明朗了起来。在南方,晋琅邪王司马睿在建康(今江苏南京)建立了东晋。在北方,前秦皇帝苻坚统一了黄河流域,兵强马壮,只要一有机会,就会率军南下。

公元383年八月,苻坚亲率90万大军南下,号称百万雄师,兵锋直指东晋的都城建康。百万大军浩浩荡荡,苻坚看着英气勃发的兵士,不由得豪气涌上心头:"以我们百万之众,就算把马鞭投入江里,也能阻碍江水流动。"

在此生死存亡之际,东晋丞相谢安推举他的弟弟谢石为征讨大都督,他的侄子谢玄为先锋,率领8万精兵与苻坚进行决战,又派胡彬和桓冲率领水军辅助谢石。

公元383年十月十八日,苻坚的弟弟苻融率领先锋部队攻占了寿阳,俘获了晋军守将徐元喜。有探子回报说,东晋兵力不足、粮草缺乏,正是进攻的大好机会。

苻坚听到这个消息后大喜过望,当即亲率8000名骑兵来到了寿阳,然后派抓获的东晋将军朱序回国劝降。朱序回国后不但没有劝降,反而演了一场"无间道",把苻坚的情况向谢石作了非常详细的汇报,他说:"苻坚虽然率领百万军队,但是还没有到寿阳,现在我们必须马上出击,击败苻坚的先锋部队,挫掉他们的锐气。这样一来,我军士气大振,才能和苻坚的大军抗衡。"谢石认为他说得很对,当即决定转守为攻,打苻坚一个措手不及。

当年十一月,谢玄派遣刘牢率领5000名兵士攻打洛涧,拉开了淝水之战的序幕。前秦将领梁成奋勇抵抗,但是无奈东晋军队来得突然,转瞬之间,苻坚大军就溃败而逃。这时,谢石挥军前进,在八公山下扎下营寨,与苻坚的大军在淝水两岸形成了对峙的局面。

虽然取得了先头的胜利,但谢玄深知,久拖未决对东晋军队是非常不利的。他们人少粮缺,取胜的关键就在于出奇兵、胜奇速。然而眼前,苻坚的大军隔岸扎寨,强攻肯定是不行的。在如此严峻的局势下,谢玄并没有心慌意乱，而是冷静地分析敌我双方的情况，想出了一条计策。他派使者去求见苻坚，对苻坚说："我们双方这样僵持下去也不是办法。这样吧，我们都是君子，就打一场君子的战争。你们让我们过河，然后我们排开阵势，堂堂正正地决战怎么样？"

苻坚手下都表示反对，但是苻坚却认为自己胜券在握，可以反其道而行之，让东晋部队过河，己方以逸待劳，肯定能一举获胜。

于是东晋军队开始过河，前秦军队奉命后撤。这时，谢玄下了一道命令，他让过了河的士兵大喊："秦军大败而回了！"那些后撤当中的前秦军队信以为真，四下逃窜。谢玄率军趁势掩杀，杀得前秦军队尸横遍野，大败而归，90万大军几乎全军覆灭。

当东晋军队和前秦军队在淝水两岸形成相持局面的时候，由于粮草缺乏，谢石和谢玄所率领的晋军情况非常不利。但是，越是面对困境，谢玄越能够冷静思考。他先是使用激将法，主动激苻坚与自己决战。谢玄的冷静和苻坚的浮躁形成了鲜明的对比，由此可见，浮躁只会让我们离失败更近一步，而苻坚的失败也正说明了这一点。

因此，当我们遇到棘手问题的时候，我们所要做的第一件事就是冷静下来，摒弃一切杂念。只有摒弃心浮气躁，才能在冷静的心态下得出客观的结论，在扎实的举措中固守住自己的定力。这样，所有的难题才会迎刃而解。

立场坚定的人会觉得耐心等待是正确的，如果我们在等待过程中掉以轻心，变得浮躁，我们的等待就会失去意义。人生的舞台之所以夺目耀眼，主要在于世界上有形形色色的人在表演，更在于每个人奋斗历程的多种多样。耐心地去等待，一切都会在意料之中。

多思易胜，少算易失

喜怒哀乐是人之常情，其中冲动就是一种激烈的情绪表现。但是在作决断的时候，我们切记要戒骄戒躁，要把问题考虑清楚，这样问题才能被解决。

容易冲动的人往往会在情绪中作出决定，总会在事后才发现自己的错误。冲动是魔鬼，让我们从冷静的人类变成狂躁的野兽，犯下弥天大错。所以无论是为人还是处世，一定要学会驾驭自己的情绪，以静制动，否则就只有万般无奈空悔恨了。

很久很久以前，有两个饥饿的人，正当他们准备接受死亡的召唤的时候，有一位神仙出现了，让他们选择一样东西离开。有一个人要了一袋又大又鲜活的鱼，而另一个人则要了一根鱼竿。

接下来，这两个人就分道扬镳了。要了鱼的人马上生火烤鱼，然后大快朵颐，没过多久，他的鱼就吃完了，没有了食物的供给，他就只能等待死亡的降临了。而另外的那个人则是苦苦找寻大海的踪影，但是因为饥饿，他的体力逐渐枯竭，最后死亡，直到死亡的那一刻，他也没有看见蔚蓝的大海。

两个饥饿的人死后，又有两个饥饿的人出现了，神仙也同样让他们两人选择一样东西，两个人也分别选择了一袋鱼和一根钓竿。接下来，两个人并没有分开，而是决定同进退，共同寻找大海，他们两人每次只吃一条鱼，从此踏上了寻找大海的艰辛之路。功夫不负有心人，最终，他们找到了大海，开始了钓鱼为生的日子，并且在海边盖起了房子，各自成立了属于自己的家庭，过上了幸福的生活。

在第一个故事中，两个饥饿的人不懂得思考，非常草率地就决定分道扬镳，最终只能接受双双饿死的厄运。而在第二个故事中，两个人懂得相互协作，所做的一切都是为未来考虑，这样一来，两个人的未来就变得越发光明了。

人生不单单只需要一味奔跑,更需要按下你的"暂停键",认真去思考,不管是过去、现在还是未来,这些都是我们作出选择的最佳参考意见。得与失只有在冷静思考的前提下才能显现得更加清晰。停下来思考,并不是让时间白白流失掉,而是在为你的选择积蓄力量。

当你选择索取和获得之后,就会发现这些选择就是一个错误,其实,舍弃会更加美好,会让我们摒弃一些琐碎的事情,进而让我们的内心更加清明。著名成功学大师卡耐基对他的学员们曾说:"再回头看一遍那些曾经无比困扰过我们的事,就会发现竟然没有一件不是琐碎的小事。"

多去思考,你才能把所有的事都考虑清楚。问题出现,为的就是让我们找到解决问题的方法,冷静一些,问题才会清晰一些,而我们的决断也会变得更有力度一些。

三国时期,刘备历尽千辛万苦,终于得到了荆州和东西川。但是关羽不幸败走麦城,被孙权所杀。刘备闻讯自然是怒发冲冠,发誓要灭掉东吴,为关羽报仇。

当时,刘备的情绪已经被悲痛所麻痹了,难免冲动狂躁,失去理智。赵云当即劝说刘备:"现在我们的敌人是曹操,而不是孙权。主公为什么会不明事理,反而去讨伐东吴呢?如果我们与东吴开战,曹操必然会坐收渔人之利。到那时,蜀国的危难就来临了。"

然而,已经被报仇冲昏了头脑的刘备根本听不进任何规劝,也不去考虑国家大义,而是一心想着为关羽报仇。他对赵云说:"孙权杀了我二弟,还有其他大将,我恨不能生啖其肉、夜枕其皮!"

赵云又劝说:"曹丕篡汉是国家大义,而兄弟的仇恨,只是小义,主公怎能舍大义而就小义呢?"

刘备愤然道:"我不为我二弟报仇,纵有江山万里,又有什么用啊?"当时的刘备已然悲愤在心、躁动在脑,失去了正常的思考能力。

就这样,刘备在冲动的情况下发动了夷陵之战,攻打吴国。

为了引诱陆逊出战，刘备最开始让吴班带领数千人前去挑战，自己则带8000名精兵从旁边策应。谁料陆逊是军事奇才，根本不为其所动，早就看穿了刘备的计谋。这不禁让报仇心切的刘备越发心急。然而，刘备越是狂躁，陆逊越是冷静地不为所动。最终，陆逊抓住了刘备在行军布阵上露出的破绽，火烧连营700里，在此次战役中让刘备的70多万大军全军覆灭。狼狈逃脱的刘备在走到永安的时候患上了重病，很快便去世了。

刘备的这一决定显然不是建立在冷静的心态之上，他已完全被自己悲伤和愤怒的情绪所控制，由此导致了他失去了应有的理智，丧失了审时度势的能力。不但复仇未成，还把自己的性命赔上，而小有所成的蜀国帝业也受到重创，这样的失败对于刘备而言可以说是灭顶之灾。冲动的结果常常是彻底的失败，且越冲动，造成的损失越大。

与其冲动，不如多去思考，思考才能让你离成功更近一步。你的未来由你做主。当一个人不懂得思考，总是不去考虑作出决断之后的走向，只会让他所有的努力都变成无用功。

多思易胜，少算易失。狡兔尚且三窟，我们为何不为自己的决断想得更加周全一些呢？作决断之前，多思考一下，我们才能离成功更近一步。很多人总是在作决断之后才后悔，究其原因，就是因为他们在决断之前没有好好进行分析，正是因为这样，问题才会在决断之后频繁出现。做最好的自己，多去思考，决断才会因为我们的思考而呈现不同凡响的魅力。

"断"在坚定

——当断则断，坚定决心勇往直前

> 当你在作决断的时候，就要果断一些、坚定一些，只有这样，你才能当断则断、才能勇往直前。人生就是一个不断选择的过程，成功不是来源于你的努力，而是来源于你每一次的正确选择。
>
> 坚定信心、果断选择，成功才会被你强大的自信所折服。成功就在脚下，当抉择出现的时候，你只要再坚持一秒钟，成功就有可能会出现。当你选择放弃的一刹那，想想当初为什么坚持走到了现在。坚定信心、正确决断，你的人生才会因为决断而精彩。

坚定目标，全力以赴

如果一个人有目标，那么全世界都会为他让路。坚定目标、全力以赴，任何苦难都是为我们实现目标服务的。相信自己，我们才能朝着目标的方向一路向前。

坚定信心、坚定目标，不管你去往哪里，会遇到什么样的天气，请带上阳光。有阳光的地方，你会看到阴影，但是阳光的温暖和光亮，足以给你以信心。相信自己、坚定目标，去创造美好的未来吧。

林德曼经过多年的精神病研究发现，很多精神病患者之所以会走向死亡，并不是因为病痛的不可战胜，而是因为他们缺乏自信。于是，林德曼决定亲自做一个实验,来验证自己对精神病患者这种缺乏自信的判断。

1900年7月,林德曼不顾别人的劝阻,独自驾驶一叶扁舟,开始了横渡大西洋的探险旅程。要知道,在此之前,德国已经有100多位勇士尝试过横渡大西洋,却无一生还。林德曼的这次探险不仅是为自己的医学经验正名,更是对自己自信的考验。

大西洋上浊浪排空、阴风怒号,林德曼却独驾扁舟,处之泰然。航行中的困难是难以想象的:孤独寂寞、体力消耗、食物的供给不足……一次次巨浪的侵袭都在消磨着林德曼的意志,逐渐瓦解着他的自信,尤其是到了航行的第18天,季风来袭,小船的桅杆不幸折断,船舷也被打裂了,但是林德曼却在心里激励自己:"要坚持、坚持、再坚持,下一秒钟就是成功的彼岸!"

林德曼和巨浪殊死搏斗,后者告负。在巨浪侵袭的3天里,林德曼数次感受到了死亡的威胁,但是他依然紧咬牙关,激励自己,只要坚持,胜利的彼岸就在前方。

最后,林德曼成功了,自信的力量已经充满了他的每一根神经,而他也成为了德国100多名勇士之后的胜利者。

林德曼的成功主要在于他的自信、在于他的坚持。他的自信不是盲目地自我放大,而是客观有效地进行分析,进而作出决定。很多人往往由于缺乏自信,进而对自己的不努力放之任之,不再坚持,这样一来,那根绷紧的自信神经就会瞬间消亡,取而代之的是消极的情绪。

诚然,人活于世,总会面对各种各样的困难,很多人面对困难时会率先在心里对自己下定论,不断地说自己不行,这样的心理暗示就会让他们的自信消失,进而导致最后的失败。懂得坚持,不管发生什么,你都要在关键时刻选择果断坚持,只有坚定目标、不断坚持的人才能离成功的彼岸越来越近。

世上有很多走不出困境的人,多数就是因为自己的信心不足,他们就像风雨里的浮萍一样,毫无信心去经历风雨,这就是一种自卑胆怯的心理。作决断的时候,要摒弃这样的心理,要真正做到全力以赴,只有这样,成功才会离我们越来越近。

茶圣陆羽是个出生于乱世的弃儿,他是被竟陵城龙盖寺的住持积公从湖边救起来的,并把他送给了一户姓李的人家抚养。

在孩提时代,陆羽在龙盖寺里读书识字,后来干脆在积公住持身边当了一个小沙弥。陆羽不喜欢读经文,却非常喜欢读书,他经常因为读书读得入迷而忘了做事,因此被师父责罚,师父总是罚他做最下等的事情,并且经常鞭打他。

13岁的时候,陆羽受不了责罚,从龙盖寺跑了出来。为了谋生,陆羽藏在杂技班里,做最下等的工作。

这时候,陆羽的良师出现了,他就是李齐物。李齐物发现陆羽非常喜欢学习,而且非常聪明,就亲自传授他知识,并且推荐他到当地非常有名的邹夫子门下学习。

陆羽很讲义气,而且非常节俭,只是喜欢茶道,嗜茶如命,就想把这门学问推广开来,写成一本《茶经》。

后来,李齐物升迁了,崔国辅接任了他的职位。崔国辅也是一位非常喜欢品茗的人,和陆羽一见如故,渐渐与他成了莫逆之交。

崔国辅听说陆羽要写《茶经》,非常支持他,把自己最珍爱的白驴等物送给了他。21岁的陆羽开始了在神州各地游历的生涯。

寒来暑往,年复一年,陆羽走遍了神州的大好河山,走过了各种种茶的地方,了解了各种茶的种植、烹炒、冲泡等工艺,把自己路上的见闻全部记了下来。

经过26年的努力,综合32个州县的信息,在陆羽47岁时,终于完成了《茶经》这部巨著。《茶经》刊印后,茶道大行天下,饮茶之风日盛,由此沿袭下来流传至今。

陆羽出身贫苦,却不失梦想,而且坚韧而笃定。靠自己的毅力、靠自己的坚持,从南到北,从乡间小路到名川大山,游历天下。终于,陆羽从传说中走到了现实,完成了《茶经》这部巨著,实现了自己的梦想。

坚持体现了忍耐的精神。为了实现某一个预定的目标,人们往往容易心浮气躁、火烧火燎,这实际只不过是一种轻浮和慌张而已。滴水不求朝夕之效,故能坚持到穿石的日子。穿石之后依然平心静气,保持着自己的步伐,这就是一种恒久的坚忍。只有深谙坚持之道的人才能拒绝急功近利,从而始终如一地走出困境、走向阳光。

坚持,就是要放弃和目标相冲突的决断,这样,你才能坚定不移地奔向目标。人生贵在坚持,当你想要放弃的那一刻,想想当初为什么坚持走到了今天。为了目标,果断放弃与之相背离的东西,这样目标才会因为你的坚持而向你走来。

坚定信念,苦难只是成功路上的毛毛雨

人生旅途中,我们会看到各种各样的风景,有美好的也有悲伤的。痛苦的时候,我们要懂得坚持;快乐的时候,我们要懂得收敛,不要骄傲。苦难只是成功路上的毛毛雨,只要你坚持,一切都会在意料之中。

英国著名诗人雪莱在《西风颂》中说:"冬天来了,春天还会远吗?"是啊,失败都来了,成功还会遥远吗?如果你相信自己能行,并且果断地选择坚持,你才会真的能行。如果你相信自己能成功,你才会真的能成功。

林肯是美国第 16 任总统,他是世界历史上最伟大的人物之一。他被称为"伟大的解放者"绝不是偶然,下面的故事可以让我们感受到林肯正直、仁慈和坚强的个性。

林肯的人生非常坎坷,并不是一帆风顺的,他经历过无数的大风大浪,但是他从来没有对自己失去信心,因为他知道,风雨之后必然会出现最绚烂的彩虹。

1832 年,林肯失业了。失业之后的林肯想要从政,但是他在竞选

中又失败了。一年之中,林肯受到了两次这样的打击,但是林肯并没有气馁,他仍然相信自己的人生不会就这么平庸度过,他相信自己会走向成功。

于是,在接下来的日子里,林肯自己创业,可他创办的公司在经营还不到一年就倒闭了。公司倒闭还不是最坏的结果,最坏的结果是因为公司的倒闭而让他欠下了一屁股的债。在此之后的17年里,林肯不得不努力打拼,为偿还这些债务而东奔西走。

在努力奋斗偿还债务的同时,林肯又参加了州议员的选举,这一次,林肯终于成功了。这次成功让林肯看到了希望,他认为自己的人生终于有了转机,而此前的风风雨雨都是在为他的成功做铺垫。

1835年,林肯订婚了。订婚之后,他本来想过几个月就结婚,但是好景不长,林肯的未婚妻去世了。这件事对林肯的打击非常大,在接下来的几个月里,林肯一直是忧郁万分。

1838年,林肯觉得自己已经调整好了,于是决定再一次竞选州议会议长。但是,无情的失败再次出现,林肯又一次落选了。

1943年,林肯又竞选美国国会议员,但是天不遂人愿,林肯还是失败了。

经历过各种各样打击的林肯已经看淡了失败,他认为多次失败过后,自己一定会有更大的成功。1846年,屡败屡战的林肯再次竞选了国会议员。这一次,命运没有再跟林肯开玩笑,林肯终于当选了。

两年任期结束之后,林肯决定继续竞选,争取连任。但是,命运又和林肯开了一个玩笑,林肯连任失败了。

从不向命运低头的林肯依然在不懈奋斗,但总是成功少、失败多。然而,林肯总能保持住激情,不会放弃,在前后9次失败之后,林肯终于成为美国第16任总统。他在任期内领导了美国南北战争,颁布了《解放黑人奴隶宣言》,维护了美联邦统一,为美国在19世纪跃居世界头号工业强国开辟了道路,使美国进入经济发展的黄金时代。

林肯的故事告诉我们：我们不能因为道路崎岖就停步不前。世界上没有免费的午餐，也没有不经历失败就能赢得的成功，要想取得成功，就要经历苦难的洗礼。成功之所以让人心振奋，主要就是因为经历了苦难的考验，经过苦难考验后的成功才会熠熠生光。

河蚌只有忍受住沙砾的磨砺，才能孕育成绝美的珍珠；铁剑只有经过烈火的淬炼，才能炼成锋利的宝剑。人生因为忍耐而变得坚强，我们需要的就是能屈能伸，这样的人生才会拥有独特的魅力，而这样的魅力才能让我们曲折的人生变得更有分量。

汉朝大将韩信在成名之前非常穷苦，经常没有饭吃，甚至要靠别人的接济才能生存。

韩信有一个亭长朋友在南昌亭当差，平时的工作就是抓捕强盗。此人和韩信的关系非常好，一来二去，两人就成了无话不谈的朋友。韩信闲来无事，就去帮助亭长抓捕强盗。而亭长为了表达感谢，就把韩信带到家里吃饭。但是一天两天还可以，时间一长，亭长的妻子就看不下去了，觉得自己家平白无故多了一张嘴，感到非常别扭。

有一天，亭长和他的妻子早早起床，做完早饭径自吃上了。等到韩信来了之后，发现已经没饭吃了。韩信当时并没有表现出任何的不满，只是默默地走开了。自此之后，韩信就和亭长断绝了往来。

从此，韩信开始了四处流浪的生活。一次，淮阴城下有一位洗衣服的老妇人见韩信可怜，就好心把自己手中的食物分一半给他吃。

韩信非常感动，就对这位好心的老妇人说："等我以后发达了，会用百倍钱财回报你！"

好心的老妇人却说："我帮助你，难道就是为了你的回报吗？你这么说，就太瞧不起我了！"但是韩信却一直记得这位曾在困难时毫无保留地帮助过他的老妇人。

有一天，韩信在集市中闲逛，一群不良少年拦住了韩信。其中一个少年想要和韩信比试武功,他扬言,如果韩信不敢的话,可以从他的胯下钻过去并且还要学两声狗叫,否则他是不会放过韩信的。

看到这个少年比自己高出一头,而且四肢非常发达,韩信认真权衡了一下:如果比武,自己肯定会失败,但如果执意不答应而把对方惹急了,自己肯定也没命活下去了。

考虑再三,韩信决定认输,并且当着所有人的面学狗叫,从少年的胯下钻了过去。最后,这帮不良少年大笑着离开了。

可谁也没想到,就是这样一个能忍得了胯下之辱的人,日后竟成为一代王朝的开国功臣,尊荣显贵。

如果当时韩信没有学会在苦难中忍耐,而是在侮辱面前选择强硬地以死相抵,那么他就不可能得到刘邦的重用以及有个人的辉煌人生。

一个人要想有所作为,就要学会能屈能伸、能柔能刚。这样,当他身处顺境时就会扬长避短,有所为而有所不为;而处于低潮时,则会收敛起自己的锋芒,委曲求全、等待时机,以图东山再起。

苦难是一笔财富,选择正视苦难的时候,你内心的强大就全部展现出来。人生难免会遇到挫折、遇到失败,关键在于你是否有信心去承担失败,只有这样,你的内心才会越来越强大,而棘手的问题也会因为你内心的强大而被解决掉。

如果你是强者,在面对苦难的时候就应该勇敢决断,要选择从苦难中站立起来,不要被其打倒。这样,你才能坚定信心、勇往直前。

砍断后路才能勇往直前

小孩子在学走路的时候，如果大人在身边，他就会哭得声嘶力竭；如果大人不在身边，他就会选择自己站起来，继续走路。其实，现实中的我们也一样，总是喜欢给自己留后路，在作选择的时候总是会犹豫、徘徊，这是人生大忌，只有把后路堵死，你才能把自己的潜能激发出来。

坚定信心，把后路堵死，你才能看到更加光辉灿烂的明天。如果你总是为自己留退路，那么，想要把问题解决就变得千难万难了。果断堵死退路，沿着一条路勇敢前进，这样，成功才会在你的不断坚持下来到你身边。

有些人做完事之后总是会说："我已经尽力了，但是我还是失败了。"

然而仔细想想，你真的尽力了吗？你的信念一直都在支撑着你前进吗？你有没有把你的后路堵死？你是否有一种破釜沉舟的气势？闪亮的人生需要信念，成功的道路更需要信念，没有信念的人生是苍白无力的，只有拥有信念，你的人生才会变得精彩，才会变得更加出色。

综观世界上的成功人士，我们会发现，置之死地而后生的成功人士大有人在，他们把后路堵死，并且最终取得了预期的成功。美国著名企业家休斯在拍摄《地狱天使》的时候就经历了这样的情境，并且经过自己的坚持，从地狱升到了天堂。

休斯的父亲是一位石油大亨，在他18岁那年，父亲去世了，他接管了父亲的公司，并且继承了几百万美元的遗产。

休斯是一个有理想的人，20岁的时候他决定投身于影视行业，并且当即拍摄了《阿拉伯之夜》。他的这部处女作大获成功，并且荣膺奥斯卡喜剧片奖。

在影视圈打响第一炮之后，休斯的信心大幅度提升，并且决定拍摄一部爱情战争大片，名字叫《地狱天使》。这部影片讲述了"一战"时期两名英国飞行员和一位16岁少女之间的故事。休斯对这部影片非常有信心，他决定拿出家中一半的财产为这部影片服务，希望能够拍摄出一部轰动天下的影片。

为了让影片取得最大效果，休斯决定全部采用实人实景拍摄，让画面更为逼真、视觉冲击更为强烈。接下来，休斯还花费了巨资从德国、英国和法国租用了各类型战斗机87架，并且配备了135名飞行员，让原景重现"一战"时的战斗画面。

然而，导演里德认为这样的巨额花费是可以节省的，电影制作时完全可以采用模型飞机和空战新闻片来替代，这样观众也是看不出什么问题的。可休斯否决了他的这种做法，为此两人发生了激烈的争吵。里德无法忍受，愤然辞职。

里德虽辞职了，可休斯的激情仍然还在持续，他决定自己披挂上阵，亲自导演这部片子。

在拍摄电影时，为了把一个俯冲轰炸然后坠落燃烧的镜头拍好，休斯要求飞行员在飞机俯冲到100英尺才能跳伞，这是一个非常危险的动作，没有任何一个飞行员敢拿自己的生命开玩笑。没有人敢做，但是休斯敢做，他穿上飞行服，在蓝天上翱翔，然后俯冲而下，但是没想到，因为速度太快，他还没有来得及跳伞，飞机就扎到了地上。人们感到十分痛心，认为休斯肯定在这场事故中去世了。但是，没想到他只是受了重伤，康复之后，他的脸上留下了一块永远无法愈合的伤疤。

然而，休斯并没有因为这次事故而改变自己的信念，反而更加坚定了自己当初的判断，他重金悬赏敢于搏命尝试拍摄这个镜头的飞行员，结果又有3名飞行员和一名机械师因为拍摄这个镜头而丧生。

两年之后，《地狱天使》拍摄完成，让人感到意外的是，试映的时候，观众的反应非常平淡，休斯感到非常失望。

难道这样就结束了？休斯没有放弃，他要重新再来。于是他又拿出了剩下的一些财产重新开拍，而这也说明了，如果这部电影失败，那么休斯将会失去一切，将会沦为身无分文的穷光蛋，但是休斯还是选择了砍断了后路坚持了下去。

第二次拍摄非常成功，《地狱天使》真的成为了一部轰动天下的超级大片。

借着这部电影拍摄成功的势头，休斯创办了"休斯飞机公司"，并且成为了世界著名的"飞机大王"。

如果换做常人，肯定会守着公司，然后按部就班地去生活，但是休斯选择了另外一种生活方式，他要实现自己的人生价值，他选择把自己的后路堵死，为了成功不惜付出一切代价。正因为这样的坚持，幸运女神才会选择眷顾休斯。

波兰名将毕苏斯基说："有被消灭的危险而不屈服者常能胜利，成功之后即不长进者常会失败。"摆脱一成不变的生活，让自己在危险中经过锤炼，这样你才能让自己在堵死后路的前提下取得成功。

德国财经作家、百万富翁博多·费舍尔说："一个奋斗者不需要退路，他必须排除万难去争取胜利。"把后路堵死，是为了激发出自己的潜能，让自己所有的潜能都为自己服务，这样成功才会离你更近一步。

"置之死地而后生。"这是某企业家的一个座右铭。在他的发家史中，他善于以暂时的损失赢得市场，灵活地把握市场的运行规律，从而收获成功。

20世纪70年代，这位企业家在广西某机械厂当厂长。有一年，他收到某省水泥厂驻京办事处的一封求购函。丰富的商战经验告诉他，这只是一封试探性的求购函。他同时又意识到，该省是中国的一块特殊市场，如能在该省市场有一定份额，不愁在其他发达地区没有市场。于是，他决定拿下这笔生意。

第二天一早，这位企业家就开始了行动。首先，他派销售科长动身进京，并明确表示即使经济上吃亏也要签下这笔供货合同。某企业家的这一举动使该省水泥厂的代表吃了一惊,马上签了合同。因为谁都知道,这个单子不挣钱,如果有闪失,甚至还会赔得干干净净。

接下来的事情如所有人预料的一样,这位企业家在这笔生意上并没有挣钱。但是为了履行合同,他号召工人们牺牲春节假期时间加班加点生产。当时正值隆冬,运输线路长,道路状况险恶,厂里派出5辆车经云南把机械直送该省,其中一辆车专门拉上所需汽油。这一来回就折腾了将近两个月,可说是吃尽了苦头。

不过,虽然没有赚钱,但这位企业家的名气已经在行业内传开了,同行们纷纷谈论起这个不鸣则已、一鸣惊人的人物。后来,某企业家入主某知名电器公司,在他的掌管之下,那家电器公司生产的空调的地位扶摇直上,一举夺得质量评价、市场占有率、售后服务3项全国第一,成为全国空调行业当仁不让的霸主。

这位企业家的经营哲学可以用一句话来概括:该拼抢的时候就要拼抢,该破釜沉舟的时候绝不犹豫。这种破釜沉舟的精神给了他一个向生命巅峰冲刺的机会,给了他一个成功的机会。

德国心理学家马尔比·马布科克说:"最常见同时也是代价最高昂的一个错误,是认为成功有赖于某种天才、某种魔力、某些我们不具备的东西。"其实,成功掌握在我们每个人手中,而我们要做的就是把后路堵死,继续坚持。成功是我们自己选择的人生方向,既然想要取得成功,我们就注定要风雨兼程,没有谁一帆风顺就能取得成功。堵住后路,不要去想退路,这样,我们才能获取成功。

勇敢迈出第一步，梦想就会照进现实

在实现成功的过程中，很多人总在犹豫第一步是否应该迈出去，要知道，如果你和成功相距100步，当你迈出第一步时，就很有可能会迈出剩下的99步。

勇气是果断行事的必要前提，因为勇气可以感染你，可以让你在最短的时间内作出最正确的决定。人生的道路崎岖漫长，很多时候都需要勇气扶持，这样你才能坚定不移地走下去，并且越走越远。

勇敢迈出第一步，是为自己开一个好头，因此，迈出第二步就成了顺理成章的事情了。人生中最美好的风景是人生沿途的风景，当你选择出发的时候，你就已经在路上了。万事开头难，现在是过去和未来的交会点，你只有好好把握现在，尽全力做不让自己后悔的事情，才能让梦想照进现实。

一个男孩站在心仪已久的女孩家门前，他犹豫不决，不知道自己是否应该进去表达爱慕之情。

这时走过来一名长者，长者问他在做什么，他如实地说了自己的目的。

长者很是奇怪，就问他怕什么。男孩说，他怕失败。长者问他现在在哪里？男孩说他在这里。长者又问他表白之后在哪里。男孩说他还在这里，于是男孩恍然大悟。

的确，失败后，你还是会回到原来的那个地方，既然如此，你还怕什么呢？你最应该做的就是抛弃杂念、勇往直前，沿着成功的方向不断追求。这样，你决断的魄力才会展现出来，失败就会惧怕你决断的力量，进而选择远离。因为失败的逃离，成功就会露出头来，而你的梦想也就会在这一刻实现。

由此可见，再勇敢一点儿，你就能前进一些，前进一些，成功就会近一些。勇敢迈出第一步，只是给自己成功一个好的开始，给未来一个希望。第一步都不敢迈出的人，根本谈不上什么坚持，勇敢对自己负责，给梦想一个适合生长的温床。

对自己不满足才会促使你去挑战，信念是欲望最好的催化剂。有信念，坚定作出决断，你才敢于迈出第一步，第一步迈出之后，你才会坚定地迈出第二步。世上无难事，只怕有心人。只要你勇敢去做，不放弃，成功就会因为你的坚持而绽放光彩。

意大利人伦霍尔德·米什尼成功地登上了"世界屋脊"珠穆朗玛峰后，就有记者采访了他，米什尼欣然接受了采访。

记者问道："登山运动员称8000米为死亡高度，在没有氧气瓶的情况下，你怎么能在死亡高度上活下来并且爬上峰顶呢？"

米什尼笑笑说："我的心肺功能和正常人的差不多，我做过检测，医生可以证明这一点。我之所以能够征服珠穆朗玛峰，是因为我认为8000米不是死亡高度，所以，我每向上爬一步就会停下来呼吸20次，这样，我身体中的氧气才会补充完整，然后我才会继续向峰顶前进。虽然我没有超人的体魄，但是我却拥有聪明的头脑。"

记者说："米什尼先生，你现在是人类第一个征服珠穆朗玛峰的人，每一位登上世界高峰的人都会带上一面自己国家的国旗，为什么你没有带意大利国旗，而是带上一块手帕，难道这块手帕比国旗更有意义吗？"

米什尼说："这块手帕不是谁送的，而是我随意从一家商店买来的。这块手帕非常普通，就像我一样。其实，我登上了珠穆朗玛峰峰顶也是一件很普通的事情，我没有带意大利国旗，是因为我要告诉世界上的每一位登山爱好者，能够登上珠穆朗玛峰的不仅仅是意大利人，其实你们也可以。"

登山莫畏难，无限风光在险峰。其实，别人能做到的事情，你也可以做到。不要总是把成功者标榜到遥不可及的位置，因为你也正在成功的路上行走。只要你心中燃起奋斗的热情，你的人生就会如同绚丽绽放的花朵一样美丽，而你心中的信念也会激发出果断的力量，让你在奋斗的路上奋勇向前。

美国女诗人艾米莉·狄金森说："从未成功者，方知成功甜。"如果你没有在成功的路上坚持，半途而废了，等到事后你才会追悔莫及。人生最重要的事情就是你一直在奋斗的路上，从未停歇过。

拥有超凡的信念会让你看到人生的曙光，你要做的就是在信念的基础上确定一个又一个属于自己的目标。人生的伟大在于奋斗、在于实现自我的价值，而你要做的就是不断坚持。这样，果断力量的阳光才会照在你身上，为你照亮前行的道路。

"断"在冷静

——每走一步路,断好十步路

> 在作决定的时候,你必须保持冷静,要想好决断之后应该怎么去做。只有把接下来的路怎么走想好了,你作出的决定才会掷地有声。
>
> 冷静一些,你才不会在情绪产生的时候作出决定。每走一步路,断好十步路,这样,你才能步步为营,把决断之后的路走好,这样,你才能一步一步地走向成功。

问题面前,冷静判断是关键

人生就是一个不断发现问题、解决问题的过程。当问题出现,你要做的就是冷静判断,不要被其他因素左右。突发状况会经常出现在你面前,如果你不能做到沉着应对的话,那么等待你的将会是失败给予的沉重打击。

我们都知道,鱼和熊掌不可兼得,当然,希望兼而得之的大有人在,但是事实就是如此,你必须放弃,放弃是为了更好地为未来服务。在问题面前冷静判断,你才能为未来的选择与发展铺平道路。

带着情绪判断,只会让你的理性消失,冷静判断是对人生中每一次选择的负责。在生活中,更应该学会慎重地放弃。放弃并不意味着失败,也不意味着失去了斗志。慎重地放弃是为了更好地获得,如果只想一味地索取,往往是希望越大,失望越大。

适当地放弃是一种境界,不是每个人都能做到的。但是大家都应该努力去学习、去修炼,谨慎衡量、明辨利弊,才能让今后的人生更加完美。

李强是一家公司的部门副经理,在这家公司工作了5年才升到这个职位。李强平时中规中矩,鲜有过失,和上下级的关系也比较融洽,但是最近的一件事情让他非常恼火。

大年三十上午,本来公司宣布放假,当大家都欢欢喜喜准备过年的时候,李强却被总经理叫到了办公室,主要就是为了调节他和上司的关系。

李强和上司因为一些思想意识上的不统一而闹过一些不愉快,平时碰面也是冷冷淡淡的,不过也没有达到水火不能相容的地步。但是总经理把他叫到办公室之后,劈头盖脸地就是一通指责,丝毫没有考虑李强的感受,更没有顾及他的情面,而且把所有的问题都推到李强的身上。

因此,李强非常不痛快,因为这些事情根本不是自己的错误,只是在工作上与上司有些意见不合,总经理就把问题推到了自己身上,换做任何一个人都是不能忍受的,尤其是最近3年来,和上司闹矛盾的员工都纷纷辞职、另谋高就,这让李强也有了辞职的想法。

这时,李强选择了冷静下来,权衡利弊之后,他发现,如果辞职,再换一家公司,还需要很长一段时间的奋斗才能谋到部门经理的高位;而现在如果自己忍耐下来,那么就算受一些指责,也是可以继续工作下去的。斟酌再三,李强选择了留守,继续工作。

没过多久,经过李强的努力,他和上司之间的矛盾被合理解决了,而李强的业绩也稳步上升,并且和上下级的关系也越来越好了。

由此可见,只有冷静下来,我们才能拨开黑暗,看到光明。李强和上司闹矛盾之后并没有选择盲目辞职,而是选择了留下来坚持,并且因为自己的冷静而看到了更加清晰的未来。

问题面前,冷静判断才是真正有大智慧的人应有的做法。没有不能解决的问题,只有没有冷静下来思考解决方法的人。当你摒弃杂念,让自己所有的精力都为解决一个问题服务的时候，把问题解决掉也就在情理之中了。

明英宗懦弱无能又昏庸腐败。身为皇帝，他终日不理朝政，让朝廷的军政大权落入了太监王振的手中。

公元 1449 年七月，太监王振为了扩充自己的势力，极力怂恿明英宗出兵征讨蒙古瓦剌。朝中众臣坚决反对，明英宗却是不管不顾，很坦然地接受了王振的意见，亲自率领 50 万大军北征瓦剌，留守京城的只剩下明英宗的同父异母兄弟郕王。

事实上，明英宗根本不了解瓦剌的情况，而他自己又妄自尊大、独断专行。果然，明英宗连战连败，导致最后退守土木堡，被瓦剌军队团团围住，当场被活捉，而王振也当场被杀。

当消息传到明朝都城（现在的北京）后，朝野上下陷入了极度恐慌之中，朝臣们一时间不知所措。皇太后下令由郕王出来主持局面，郕王马上召集众位大臣共同商讨对策，大臣们意见不一，徐钰强烈建议迁都，于谦则极力主张保卫京城。经过慎重的权衡利弊之后，最后郕王决定命于谦守城。

郕王任命于谦为兵部尚书总揽兵权，于谦首先把引起土木堡事变的祸首王振抄家灭族，并把他的亲信召集到朝廷之上当场处死，平了民愤。紧接着，又簇拥众臣把一直被拥戴的郕王推上了帝位，遥尊英宗为太上皇。

这样一来，蒙古瓦剌犯难了，因为俘虏英宗的目的只是想以其作为人质来逼迫郕王投降。可是情况发展到现在，如果自己提出要求，不但会被拒绝，而且还会遭到登上帝位后的郕王的报复。眼看自己的企图无法得逞，瓦剌情急之下便率兵攻打北京。而不堪受辱的明朝兵士奋勇抗敌，取得了北京保卫战的胜利。

于是，蒙古瓦剌知道自己的阴谋无法得逞，被迫于 1451 年释放了英宗。

选择重在冷静，俗话说："小心驶得万年船。""小心"的具体含义就是细致谨慎、不浮不躁，就是多思多想、稳重认真。谨慎是降低错误的前提、是做事成功的保障。郕王的成功就在于他做事懂得谨小慎微，知道如何在利与弊之间进行选择。

在土木堡之变发生后，明朝上下一片混乱，有的主张南迁，有的主张抵抗，还有的主张投降。但是，郕王有一颗冷静的头脑和一份谨慎做事的心智。攘外必先安内，在这千钧一发之际，他清楚孰重孰轻。经过谨慎抉择之后，当机立断，下令整治后方，极力保卫北京，最终取得了北京保卫战的胜利，彻底粉碎了蒙古瓦剌的阴谋。如果郕王被众多建议干扰，不懂得放弃没用的建议，最后也就无法作出正确的判断，守护京城的胜利更是无从谈起了。

我们常说"厚积而薄发"，但是怎样才算是"厚积"呢？当问题出现，先让自己的内心沉淀下来，然后再综合一切因素去分析、去决断，这样，我们解决问题的方法才会接近于完美，而所有的困难也将会因为我们的冷静判断而变得完美。

谨言慎行，为将来的强势崛起积蓄力量

话多并不是好事，与人交流时要学会判断，说话的时候要判断身边人的表情，如果他们觉得你说的话过多、面色不善，这时你就应该及时在心里作出判断，及时管住自己的嘴，少说让身边人反感的话。

公众场合不是我们展现自己的场所，要会说话、说好话，这样我们才能远离身边人的唇枪舌剑。众口铄金，积毁销骨，如果你不能及时判断出自己的言行有失妥当，那么问题就会恶化，而这样的结果将会为我们未来的发展蒙上一层阴影。

与其不冷静说话，不如谨言慎行，这样你才能让自己免于身边人的口诛

笔伐。不管是生活还是工作，所有的事情都是属于我们自己的，多数时候，我们会因为事情过多而忙碌，这时，我们应该学会谨言慎行，让自己少一些痛苦，多一些快乐。人生最重要的就是舍弃，一味地奔走只会让你错过人世间的美景。真正的智者往往选择用谨言慎行替代"装聪明"。在纷繁变幻中透彻于世事人性，以四两之轻拨动千斤之重。

汉朝时期，公孙弘家境贫寒，等到后来，公孙弘位居宰相的高位，依然保持着艰苦朴素的作风。公孙弘每次吃饭只吃一份荤菜，睡觉时也只盖一张再普通不过的棉被。

但是，就是如此深居简出的公孙弘也会遭到大臣们的忌惮。了解到公孙弘如此做法之后，大臣汲黯向汉武帝参了公孙弘一本："公孙弘位列三公，俸禄丰厚，但是他每天只是盖普通棉被，吃普通饭食，明显是在沽名钓誉，就是想为自己赢得清正廉明的名声。"

汉武帝听完之后，就传召了公孙弘，问道："汲黯所说的都是事实吗？"

公孙弘说："没错，汲黯说得都对。满朝文武中，只有他和我交情最好，也只有他最了解我。我位列三公却只盖普通棉被确实是我的错，我确实是想沽名钓誉，赢得清正廉明的美名。但是汲黯今天能指责我，是为皇上分忧，如果他不是对皇上忠心耿耿，皇上又怎么能听到他对我的批评呢？"

汉武帝听了公孙弘的话，觉得他非常正直、谦让，就更加器重他了。

公孙弘深知汲黯的指责对自己的分量，如果去辩解，汉武帝就会真的觉得他在使诈，就是在沽名钓誉。为此，公孙弘采取了非常高明的一招，选择主动承认自己的过失，而主动承担责任就会让汉武帝觉得自己非常坦诚，根本不可能沽名钓誉去博得清正廉明的名声。这样一来，文武大臣就会感觉到公孙弘的气量，认为公孙弘宰相肚里真的能撑船。

慎言，为的是自保，为的是未来的大发展。心中有大海的人，才会有大海般的情怀。如果一个人能够及时管住自己的嘴、能够收住自己的心，那么这个人一定是有远大目标的人。谨慎说话，为的就是麻痹敌人、保全自己，为未来发展积蓄力量。

三国时期，魏国正始帝曹芳登基。司马懿和宗室曹爽同为顾命大臣，辅佐曹芳。曹芳年纪很小，经验阅历不多，因此许多事情都是交给经验丰富、智谋过人的司马懿去处理。

大学士何晏和曹爽想要夺回司马懿的兵权，就主动找幼主曹芳去游说。曹爽前去拜见曹芳，说司马懿劳苦功高，应该加封他为太傅。这么说表面上是让曹芳加封司马懿，其实是让司马懿交出兵权。曹芳年幼，没什么主见，就听了曹爽的话，封司马懿为太傅。

司马懿听说之后大吃一惊，只能等待曹爽犯错。没过多久，李胜升任为青州刺史，特地前来向他辞行，于是曹爽计上心来，让他去太傅府辞行之时趁机观察司马懿的情况。

司马懿问询后，深知李胜哪里是来辞行，分明是曹爽派他前来探听虚实，于是便佯装出一副病入膏肓的样子。等李胜来到司马府中，司马懿正形容枯槁地在床上躺着，要靠两个丫头搀扶着才勉强站立起来。李胜告诉他说："我就要到青州上任了，特地来向您辞行！"

司马懿说话含混不清："并州靠近匈奴，一定要好好防备啊！"

李胜纠正说："是青州，不是并州！"

司马懿又说："你从并州来？"

李胜再次纠正道："是山东青州。"

司马懿依然装作愚钝，哈哈大笑道："你刚刚从并州回来？"最后，李胜无奈之下只好取来纸笔，才跟他说明白了。

司马懿看了好半天才说："原来是青州，看我病得耳聋眼花了，请刺史一路保重！"说罢，司马懿用手指了指自己的嘴巴，丫头就立即端着汤水奉上。只见司马懿俯下身去想要喝汤，一不小心，汤水洒了他一身。

司马懿不禁感伤，请求李胜道："我年老体弱，怕是活不长了。我的两个儿子还要靠曹大将军多多照顾，请李刺史在曹将军面前替我多美言几句吧！"司马懿说完，指了指自己的两个儿子。

李胜刚离开，司马懿马上披衣起身，和刚才判若两人，他告诉自己的儿子司马师和司马昭说："李胜回去后，定会向曹爽报告我的情况，这样曹爽就不会再疑心我了，如果曹爽下次再出去打猎的话，我们就可以动手了。"

李胜回到曹爽府上，把自己的所见所闻汇报给了曹爽，曹爽听了非常高兴："这个老家伙一死，我就再也没有后顾之忧了。"几天之后，他又带上魏主曹芳，率领御林军，借口祭祖出城打猎去了。

司马懿看机会来了，马上带着两个儿子和一部分忠于他的士兵直闯宫中，逼迫郭太后下达懿旨，说曹爽奸佞乱国，要撤职查办。太后被逼无奈，只好屈从。

接着，司马懿一鼓作气攻占了城中的兵营，关闭了城门。曹爽接到郭太后懿旨之后，本来能以大将军的军印讨伐司马懿。但是他性格懦弱，全然不顾手下的劝说，反而听信了司马懿的劝降，将大将军印交了出去。

自此，司马氏便成了魏国真正意义上的执政者，为后来统一三国、建立西晋打下了基础。

谨言慎行是因为我们心中有更大的梦想而选择暂时的求全策略，为的是谋取更大的发展。

正因为一些人有更远大的目标，才会选择谨言慎行。人生路漫漫，我们无法保证自己每一步都走得正确，但是我们却可以通过自己的谨慎降低危险，而只有这样，危险才会降到最低，我们才能够灵活面对各式各样的问题。

判断好方向,想好未来发展的路

一个人想要取得发展,事业想要取得成功,判断好方向是非常重要的。确定好方向,你才能沿着正确的方向永远前进。判断决定未来,因为方向所起的就是导向和催化作用,而接下来的行动正是证明了这种导向和催化的作用。

未来在脚下,方向在前方,如果你没有谨慎地作出判断,选错了方向,那么你将步入死亡的深渊,你要做的就是判断好自己的方向,然后规划好自己未来发展的道路,只有这样,你才能够实现人生的大发展。

方向反了,跑得再快有什么用?没有了方向,速度就失去了意义,方向永远比速度更重要。

在生活中,常常会出现这样的事,还没有搞清方向,就糊里糊涂地跟着别人开始跑,比如投资或者就业。跑了一阵子以后回头一看,方向错了,距离目标越来越远。这时冷静地一想,跑了半天还不如不跑,至少还能在原地不动;而那些跑得快的人,就离目标更远了。

在工作中也会出现类似的事情,有的人在工作中能创造出很高的效率,而有的人忙忙碌碌,最终却一事无成。这两者的区别关键在于有没有注意到所做工作的方向性,是不是把自己的精力用在了正确的方向上,还是一直在做无用功。

18世纪的时候,欧洲探险家发现了一块"新大陆"——澳大利亚。

因此,英国派弗林达斯船长带船队开足马力驶向澳大利亚,为的是抢先占领这块宝地。与此同时,法国的拿破仑也想成为澳大利亚的主人,他派了阿梅兰船长驾驶三桅船前往澳大利亚,于是英国和法国展开了一场赛跑。

阿梅兰船长驾驶三桅船率先到达了,他们占领了澳大利亚的维多利亚,并将该地命名为"拿破仑领地"。随后几天,他们都没有看到英国的船队到达,因此他们以为大功告成,便放松了警惕。

法国的占领者在休息的时候发现了当地特有的一种珍奇蝴蝶,这种蝴蝶非常好看,而且十分稀有。为了捕捉这种蝴蝶,他们全体出动,一直纵深追入澳大利亚腹地。

就在法国人追逐蝴蝶的时候,英国人也来到了这里,他们看见了法国人的船只和营地,以为法国人已占领了此地,于是船员们都非常沮丧。但是仔细一看却没发现法国人,于是,船长命令手下人安营扎寨,并迅速给英国首相报去喜讯。

法国人兴高采烈地带着蝴蝶回来了,可是维多利亚已经成为了英国人的战利品,这块土地足足有英国领土那么大。看着曾经属于自己的东西牢牢地掌握在英国人的手中,法国人感到了无尽的悔恨。

两国船队的方向开始都是澳大利亚。法国人虽然提前到达了目的地,但是他们没有继续沿着原有的方向前进,因为几只蝴蝶就偏离了方向,结果导致功亏一篑、前功尽弃。

很多失败的教训告诉我们,不论是学习还是工作,都必须注意方向的问题。这样不仅节省时间,同时也有成效,从而避免忙忙碌碌而又毫无作为。我们可以经常提醒自己:我的目标在哪里,我目前是否正在向它前进?

我们的人生之路就像是一次旅行,前进的速度可以调节,但首先要明确方向。大多数人只顾匆匆地赶路,而不考虑方向的问题,结果去了一些根本不值得去的地方。

判断好方向,你才能想好未来的发展道路,你才能更加坚定地走下去。如果你确定自己的方向是正确的,那么就坚定不移地走下去,哪怕身边会传来流言蜚语,哪怕所有人反对,你也要坚定自己的判断,不遗余力地走下去。

公元前302年,赵国的赵武灵王经过一番考虑,打算进行军事改革,让臣民们改穿西北游牧和半游牧民族的服饰,并要求手下兵士学习骑马射箭,史称"胡服骑射"。而赵武灵王也因此赢得了一代政治人杰的历史美誉。但实际上在几千年前被封建传统奴役的中国,这样大胆的革新会遭到很大的阻力。

赵武灵王一直想让自己的国家变得强大,就对谋士楼缓说:"现在,我们赵国东面有齐国、中山国,西边有秦国、韩国和楼烦部族,北边有燕国、林胡。如果我们不发愤图强、不加强训练军队,等到邻国强大了,它们肯定会偷袭过来。如果想要强大国家,就要从根本做起。我觉得我们穿的长袍、大褂、宽袖口的服装,干活打仗都非常不方便,不如胡人的短衣窄袖。如果我们把衣服改成胡人的样式就会方便很多,干活打仗也就更加顺手;而如果脚上也穿皮靴子,行动起来就将更加方便灵活,你觉得怎么样呢?"

谋士楼缓听了赵武灵王的话之后非常赞成,他说:"我们改穿胡人的服饰,不仅能利于作战,更能学习他们作战的本领。"

赵武灵王说:"你说得很对。我们打仗全靠步兵,非常单一,而且进攻速度缓慢,就算打败了胡人,乘胜追击的时候也很难追上他们的骑兵,只因为我们不会骑马打仗。因此,要想学习胡人的作战本领,首先就要学习他们骑马射箭。"

赵武灵王的改革理论不胫而走,没想到却遭到了很多大臣的反对,他们认为服饰的样式是祖先遗传下来的,不能轻易废止,坚决不同意赵武灵王的革新。但赵武灵王却认为,服饰和装备的改革关系到国家的安危,要办大事就不能犹豫。既然知道自己做得对,就必须专一地贯彻到底。

于是,第二天上朝的时候,赵武灵王首先带头,穿着胡人的服装出现在文武百官面前。大臣们见到他穿着短衣窄袖的胡服都非常惊讶。赵武灵王把改穿胡服的设想说了一遍,底下一片议论,有的说不好看,有的说不习惯,有的说不穿本民族的服装岂不是让国家蒙羞?

有一个名叫赵成的顽固派老臣是赵武灵王的叔父,带头反对服装改革。

他是赵国的一位重臣,因循守旧,十分封建。他不但语言上直接提出反对,而且还在家装病不上朝。

赵武灵王深知,要推行军事改革,首先要通过的就是叔父赵成这关。于是,赵武灵王亲自上门找赵成,对他反复地讲解改穿胡服骑射的好处。功夫不负有心人,赵成终于被说服了。赵武灵王趁热打铁,立即赐给他了一套新式胡服。

第二天朝会上,文官武将看见老将赵成都穿起胡服来了,顿时一个个都没有话说,只好应承了下来。

接着,赵武灵王训练兵士学习骑马射箭。不到一年,就训练出了一支强大的骑兵队。

第二年春天,赵武灵王便开始向邻国发起了进攻,连战连捷,开拓了大片领土,疆界几乎扩大了一倍。而在此过程中,赵武灵王的胡服骑射改革也取得了比以前更大的成功。

赵武灵王的成功就在于他目标专一而不三心二意、持之以恒而不半途而废,所以能够实现自己美好的理想。在他最初进行胡服骑射改革时,虽遭到了很大的阻力,但是他清楚知道自己的方向,不破不立;如果不改变,国家就不可能强盛。为了达到这一目的,他没有退缩,而是想办法克服阻力,一直专心致力于做这件事,从而达到了革新的目的。

因此,想要获取成功,就要判断好方向,坚定不移走下去。实现梦想需要的就是方向的时时矫正,然后调整好心态,走向光辉灿烂的明天。

适可而止，不要锋芒毕露

人生是一门艺术，其中最为精要之处便在于行事做人要懂得适可而止，要知衡量、明界限。做好自己的事，当涉及他人利益时，千万不要随意插手，越俎代庖只会遭受别人的记恨，别人会认为你是在炫耀自己，像是在有意告诉对方你比他强，这样只会让自己在人际交往中处处碰壁，遭到朋友的弃离。

很多人都是外憨内精，他们把自己的锋芒放在心里，在外面则呈现出一种憨态，这样的憨态可以让他们免于锋芒太露的拷问。锋芒太露，只会搬起石头砸自己的脚，与其如此，不如低调一些，把自己的锋芒隐藏起来，这样，当机会出现的时候，你才能够及时抓住，才能让机会的力量绵绵不绝地展现出来。

美国总统威廉·亨利·哈里逊出生在一个小镇上，年幼的威廉是一个非常内向且害羞的孩子，但是因为威廉不善言谈，所以被同龄人认为是傻子。于是，其他孩子就纷纷拿威廉寻开心，他们把一枚1角钱的硬币和一枚5分钱的硬币扔到地上，让他随便捡一个，威廉总是捡那个5分的，大家每次看到都会哈哈大笑。

有一次，一位老人看到了事情的经过，觉得威廉被孩子们欺负很是可怜，就走过去问他："威廉，难道你不知道1角钱要比5分钱值钱吗？"

威廉一脸肯定地答道："我当然知道。但是，如果我去捡那个1角钱的硬币，我怕他们就再也不会扔钱让我捡了。"

威廉看似愚蠢，其实内心却藏有大智。如果威廉第一次就捡1角钱的硬币，那些孩子肯定就不会再扔钱了。威廉是聪明的，他只捡5分钱的硬币，在别的孩子眼里他是愚蠢的，但是威廉知道自己是最聪明的。很多时候，你应该掩藏自己的锋芒,不要让别人发现自己的弱点,这样别人才会心生忌惮。因为看不清你,别人才会畏惧你。在生活中,你更应该韬光养晦,做一只不舞之鹤,这样,别人才不敢大张旗鼓地对付你。

很多人在生活中不懂得内敛,过分地张扬自己,把自己置于别人箭靶的中心,成为众矢之的。最后聪明反被聪明误,自己的聪明让自己一败涂地。

如果做不到洁身自好,那就千万要谨言慎行。一失足成千古恨,伟人们哪怕有针尖大的过失,也犹如日月之蚀,难逃公众的法眼。切忌将自己的短处向朋友和盘托出,如果可能,甚至别将自己的心迹全部袒露。

公元1368年,一介草民朱元璋一统天下,建立了大明王朝,被世人称为明太祖。

明朝初期的一年,朱元璋想要修建首都南京城的城墙。由于刚刚建朝,国库资金有限。当朱元璋正在为建款发愁的时候,江南有位叫沈万三的巨富主动提出要报效朝廷,提供资金,将1/3修整城墙的费用全部承担下来,同时还进献给朱元璋一大批黄金白银,并且花巨资在南京城内修建了豪华大酒楼以及长廊等。作为回报,朱元璋就给沈万三的两个儿子都封了大官。

修完城墙之后,沈万三突然觉得还是有点儿不满意,又主动找到朱元璋,要求陛下犒赏三军。朱元璋听了非常生气,愤怒地说道:"一个乡野匹夫因为修筑城墙之事而邀功,竟然还想犒劳天下的军队,这不是想要乱民造反吗?"朱元璋马上下令,要将沈万三斩首示众,以儆效尤。

幸亏马皇后及时劝谏,她对朱元璋说:"沈万三这样的不祥之民自然会有上天来惩罚他,何必脏了陛下的手呢!"朱元璋余怒未消,但碍于马皇后的情面,就把沈万三发配到了云南,将他的第二个女婿也流放到了潮州。

但是事情并没有就此终止,洪武十九年,沈万三的两个孙子沈至、沈庄又因为田地税赋而坐了牢,沈庄当年就在牢中死去。接着,洪武三十一年,沈万三的女婿顾学文又被牵扯到了蓝玉谋反一案中,被抓捕审讯。顾学文一家及沈家六口,包括沈万三的曾孙沈德全,近80多人全都被凌迟处死,田地也被朱元璋全数没收。

就这样,曾被称为"财神爷"的一代商贾沈万三在短短几年的时间内就灰飞烟灭、穷途末路了。

由此可见,凡事都要讲求适可而止,过分了就会走向反面。综观沈万三的没落史,就会发现,正因为他不懂得衡量与节制,越俎代庖,做了得寸进尺的事,才落得个家破人亡的下场。在君主制度的社会里,沈万三不明白君王的地位是不可威胁的。作为子民,有幸承担修筑城墙的费用已是皇家的恩赏,虽然立了大功,却不应该向君王要求犒赏军队,锋芒太露就会招致杀身之祸。

因此,在为人处世中,要果断判断出自己是否过于张扬,如果是,就要果断选择放弃。韬光养晦是一种非常明智的选择,时常有人稍有名气就到处扬扬得意、逢人自夸,享受于他人奉承的感觉。但殊不知,这些人迟早会吃亏。

当锋芒显露时及时摒弃,这样我们才能让自己远离风口浪尖,远离众人的唇舌之间,才能保全自己。

慧眼识才,贵在冷静判断

综观我国古代历史,争夺天下的帝王互相较量的除了血与火,最主要的还有发现人才、运用人才的本领。强者得天下为帝王,弱者失天下为贼寇,而这强与弱最关键的一点就在于用人。得人才者得天下,是一个永恒的真理。

换言之,领导拼的是知人善用。而用人又贵在选人,所以要有一双发现人才的眼睛,然后再去经过考验委以重用。同时,也只有经得起考验甚至"刁难"的人,最终才会从茫茫人海中脱颖而出。

要想了解对方的真实情况，洞悉对方的内心活动确实是一件很不容易的事情，正所谓画皮画虎难画骨，知人知面不知心。看人、识人是一门学问，冷静判断，找到真正适合你的人才，你才能让才为己所用。

曾国藩是清末著名的理学大师，他就是一个会看人的人。

有一次，他的学生李鸿章带了3个人求见曾国藩，希望为他们安排各自的职务。当时曾国藩刚好饭后出外散步，于是，李鸿章叫他3人在曾国藩的办公室外面等候，自己则在办公室内等候。

曾国藩散步回来后，李鸿章就请求曾国藩传见3人。没想到曾国藩却说："不见也罢。站在右边的是个忠厚可靠的人，可以让他去做后勤；站在中间的是个小人，只能让他做无足轻重的工作；站在左边的人是个难得的人才，应当给予重用。"

李鸿章十分惊讶地问道："您是如何看出来的呢？"

曾国藩笑道："在我回来的时候，走过3人的面前时，右边那个人低头不敢看我，可见他为人忠厚老实；中间那个人对我毕恭毕敬，但我走过后，他立刻就左顾右盼，可见他做人阳奉阴违；左边那个人始终双目正视，神情不亢不卑，这才是大将的风度。"

被曾国藩看作是人才的正是后来的台湾首任巡抚刘铭传将军。他是晚清的著名爱国将领，在抗击外敌和开发建设台湾的过程中都作出了卓越的贡献。

曾国藩看人的本领非同一般，所以他才能在晚清混乱的局势下泰然自若地生存在官场当中。不仅如此，在用人方面，他还培养和提拔了一批效忠朝廷的忠实部下，李鸿章就是其中最为突出的一个。

选才用人，最看重的就是智慧，我们都知道，"十步之泽，必有香草；十室之邑，必有忠士"。道理我们都懂，但是做起来还需靠我们去判断，选拔人才，靠的是我们的智慧和冷静判断。

如果你真正看重一个人，认为他是人才，就会用尽一切办法把他招揽过来，让其为己所用，而这最需要我们做的就是冷静判断，判断出哪些人才是我们需要的，而我们也要提供能为他们展现才能的场所。

东汉末年，袁绍向曹操发动了大规模的进攻，并令手下谋士陈琳写了3篇檄文，对曹操大加指责。

陈琳才思敏捷、言辞犀利，在檄文中，不但把曹操本人骂得体无完肤，甚至连曹氏宗族也没能幸免。曹操听闻后简直是义愤填膺，恨不得把陈琳活剥，方能消心头之恨。

可是没过多久，袁绍兵败，陈琳落到了曹操的手中。陈琳想，这下子自己是必死无疑了。其他人也以为曹操会狠狠地报复陈琳。然而，出乎所有人意料的是，曹操因仰慕陈琳的才华，不但没有对他进行任何责罚，反而委以重任，这让陈琳非常感动，从此为曹操出谋划策、誓死效忠。

对此，曹操的很多下属不解，纷纷发问："大人为什么不杀陈琳反而重用他？难道您忘了当初他是怎么侮辱您的吗？他这么侮辱您，您还要重用他，不是让天下人心寒吗？"

曹操哈哈大笑，说："我和陈琳远日无怨、近日无仇，他之所以侮辱我，是因为当时我们各为其主，不得已而为之，这一点正说明了他对主子非常忠诚。我怎么能杀害一个对主子忠诚的人呢？况且现在正是用人之际，我怎么能乱杀有才之士？那样做的话，天下人不是更加嘲笑我了？现在这样做就是让天下人都知道，对待侮辱我的人，我尚且都能够包容。如此一来，何愁天下有才之士不来呢？"

下属们听完这席话，不由得茅塞顿开，对曹操的胸襟佩服之至。

曹操对陈琳既往不咎，与其说是曹操有宽广的胸怀，不如说是曹操懂得如何驾驭人心。不过也需要他有慧眼识才的能力，才可以这样起用陈琳。我们可以想象，经过这次的宽恕，陈琳以后哪怕对曹操肝脑涂地也在所不惜。这就是曹操的高明之处，不但吸纳了一个忠心的陈琳，更利用了这一事件招纳到更多的有志之士。

想要得到人才，就应该冷静判断，看到人才的长处和短处，这样你才能了解人才的一切，才能为其找到最适合的位置，才能让他展现出最大的价值。

选人用人在于判断，如果你判断错了，就会让人才走上错误的位置，就会让他失去奋斗的激情；如果你判断对了，就会让人才走上自己喜欢的位置，就会激发出他所有的潜能。

冷静判断、慧眼识才不仅是对人才负责，更是对自己负责，这样，当所有人才都起作用时，你的目的也就达到了，而一切疑难问题也会在这一刻迎刃而解。

谋篇

谋定后动才能大有胜算

谋者,大智者也,胸怀坦荡、视野辽阔,阵局之下淡定从容,调兵遣将有张有弛,能辨明利己之势而抢占制胜先机。明细战略之后雷厉风行,棋盘之上变幻莫测却又出其不意攻其无备。正所谓天下之事在于谋定而后动,后动之时便要一招制人于千里之外。

"谋"在全局
——运筹于帷幄之中,决胜于千里之外

> 真正有谋略的人,就是善于全面看待问题的人,他们不会以偏概全,更不会窥一斑而认为看到了全豹。你要学会退后一步,扩大自己的视线,这样,你才能更好地谋定而后动。
>
> 成功者和常人最大的区别就在于办事周到全面,正因为这样,他们才能取得常人难以想象的成功。当你能够谋在全局,当你能够全面看待问题的时候,就是你取得成功的最佳时刻。

善谋于先,借力打力保周全

21世纪最缺的就是具有创新观念、发散思维的人才。这就需要我们要有大局观念、要有发展的眼光,不能拘泥于表面的东西。

学会从点看到线、从线看到面,这样你才能更好地借力打力,让自己不拘泥于单一的模式,让思想从多种角度得到展现。

唐朝时期,大诗人陈子昂刚刚来到长安时还没有什么名气,有一天,他出去游玩,看到一个人在卖古琴,要价100万钱。很多人围了过来,都觉得卖主要价太高,这时,陈子昂走了过去,他没有说什么,就直接把古琴买走了。

众人见他出手阔绰,都觉得非常奇怪,这时陈子昂转过头对众人说:

"我叫陈子昂,现在就住在××客栈,如果众位有兴趣,可以来我的住所听我弹琴。"

第二天,当地有声望的人都纷纷来到陈子昂的住所想看个究竟,陈子昂拿出古琴说:"我陈子昂自幼苦读诗书,头悬梁、锥刺股,现在已有小成,却无人赏识。依我看来,弹琴之技不过末流之技,我不想玷污各位的耳朵!"陈子昂说罢,挥手把古琴摔得粉碎,在场的众人无不扼腕叹息。

接下来,陈子昂掏出了自己的诗稿印本,分发给众人,请他们批评指正。从此之后,陈子昂的名字响彻长安,并由此确定了自己在唐朝诗坛的地位。

其实,这一切都是陈子昂安排的,他先找了一个人,拿着古琴以高价去卖,这么高的价格自然没有人买,但是却能吸引到众人好奇的目光。这时,陈子昂不假思索地把古琴买了下来,这样的大手笔肯定会让所有围观的人感到惊讶。绝大多数人在买到昂贵的东西后都会非常珍惜,但是谁曾想到,陈子昂惊人之举背后还有惊人之举,他竟然把古琴摔碎了,做好铺垫之后,陈子昂开始发放自己的作品,而这次行动也取得了前所未有的成功。

陈子昂借助摔古琴的"力",提升了自己和诗稿的价值,并且使得他在长安城中有了自己的一席之地。陈子昂是一个有先见之明的人,他知道在众星云集的长安城里,想要按照常规方法从中脱颖而出几乎是不可能的,所以陈子昂选择了不按套路出牌,借力打力,并且取得了成功。

借力打力,讲究的是方式方法。当你按常规出牌,不能把问题解决的时候,你要学会借助其他的力量去解决。也许你自己的力量微乎其微,但是你还有思想,还有创新思维,你可以借助外力。只有善于在问题发生之前找到解决问题办法的人才能成为命运的强者。

借力打力,需要的是你的大局观。全面看待问题,你才能找到解决问题的方法，才能不费吹灰之力把问题解决掉。全面看待问题、善于利用新的思维方式去解决问题，这样问题才会因为你的全新视角而呈现出解决的方法。

公元574年，周武帝准备巡查北周的都城长安，巡查之前就把所有的大臣都召集去了，对他们说："众位爱卿，朕要出去巡查了，朝廷里的大事小事全都交给你们办理，你们可不要让朕失望啊！"大臣们集体答应，都把周武帝的嘱咐记在心里。

但是人心隔肚皮，周武帝前脚刚走，他的皇弟宇文直就发动了一场政变。当宇文直冲进来的时候，守门的武将长孙览不知如何是好，就没有抵抗。

宇文直认为胜券在握，就想直接冲进肃章门。但是当时守门的副将尉迟运却不买账，率领士兵拼命抵抗，最后把城门关上了，把宇文直挡在了门外。

宇文直见自己冲不进去，就下令放火烧门。一时间门外烟火四起，火焰直冲天际。尉迟运心里清楚，如果宇文直把门烧毁了，一旦冲进来，自己的这些兵士很难和对方的兵士抗衡。这时尉迟运灵光一现，便有了计策，他也要用火攻的方法打退宇文直的军队。

于是，尉迟运命令士兵在城门内放起了木材，并且倒上了油。不一会儿，城门就被烧毁了。但门内依然是大火熏天，根本进不去，尉迟运又派人搬运木材，继续阻挡宇文直的进攻。

这样一来，双方遥相对峙。尉迟运觉得这样做也不是办法，就派兵士从小门绕了出去，直抵宇文直的军队后面。宇文直的军队顿时大乱，前面无法进军城门，后面又遭受尉迟运军队的攻击，可谓腹背受制，最后落得个溃败而逃的结局。

周武帝巡查后得知此事，就派人斩了宇文直，重赏了尉迟运。

无独有偶，公元560年，南北朝混战，四下硝烟四起，五胡十六国更是不甘寂寞，一时间四下干戈大动，东西南北战事不断。

贺若敦被北周明帝封为大将军，奉命夺回湘州。但是北周军心不稳，很多兵士选择了逃跑,而北周的敌国南陈也煽风点火,鼓动这些兵士出逃。如果这样下去,北周马上就会陷入无兵可用的境地。

贺若敦一筹莫展,但是想到湘州四面环水,南陈接送降兵都是用船。第二天,贺若敦就开始让兵士训练马匹,把马匹送上船的一刹那抽打马匹。这样一来二去,马匹就不敢上船了。

然后,贺若敦又派手下兵士牵着这批被训练过的马匹假装降兵,南陈士兵一看来了这么多人,还有这么多匹骏马,都喜出望外。但当他们牵马的时候,这些马死活都不上船。

这时,贺若敦率大军冲了出来,一举歼灭了南陈的士兵。

尉迟运和贺若敦的成功就在于他们有大局观,并且善于利用自己的思维。面对困难,他们临危不乱,而是根据当下的形势分析,借力打力。同时,他们不按常理出牌,并且把对方的优势拿过来变成自己的优势,从而反客为主,取得了最后的胜利。

有大局观的人就是善于解决问题的人,他们善于利用自己独特的思维方式把问题解决掉。思维开阔一点儿,在竞争激烈的环境里能把自己的劣势转化为优势,吞噬掉威胁自己的力量,如此才能让我们在不同的环境下掌握主动权,作出正确的判断,从而取得成功。

统揽全局,利用好自己的思维能力;善谋于先,能够看到问题的本质,这样,你的谋略才能在关键时刻展现出来。正因为问题难解决,你的价值才能体现出来。有的人在面对越大的问题时就越有能力,这样的人才是命运的强者,才是各种疑难问题的终结者。

牵一发动全身,细微之处见谋略

整体是由一个个细节组成的,如果你不重视细节,细节就必然会影响到整体。有时候,细微的东西往往反映事物发展的本质,代表着事物发展的方向,这是你需要重视的。

对待一件事情,我们要学会溯本求源。抓住它的源头,就相当于抓住了主要矛盾,这样才能拨开浓雾见青天,才会把握住问题的关键。"千里之堤,溃于蚁穴。"细节虽小,却决定成败。以小见大,以点着面;从点滴做起,精益求精,方能成就大业。

在美国纽约,有一家工厂虽然规模不大,但是平时纪律严格,很少有员工因犯错误被解雇,这都得益于管理者的及时纠正,在错误发生的萌芽阶段就及时把错误的苗头扼杀掉,这样就在公司内部形成了一个良性循环。

有一天,工厂的老车工皮特为了能在中午之前剩下的时间内完成工作,就把切割刀前面的防护挡板卸下了一块,由于降低了高度,收取加工零件就变得非常方便了,但是由于少了上面的防护,这样的操作就埋下了危险的隐患。

公司经理巡视的时候发现了皮特的违规做法,非常生气,命令他马上把防护板装上,并且还扣除了皮特当天的工资。

第二天,老板来了,经理把皮特的违规操作告诉了他,老板非常生气,当即下令把皮特解雇了。

从此之后,再也没有员工敢违规操作了,公司的发展也变得非常顺利了。

没有规矩,不能成方圆。如果这家公司没有大局观,不注重细节,那么危险就会因为这样的纵容而加深。注重细节是一个人大智慧的展现,只有把重视细节当成一种谋略,你才能精益求精,把事情做好,细节做好了,整体也就自然变得完美了。

在人的意识中,越是细微的追求越是反映观念的本质。不论在什么时候都应该慎重行事,否则就会差之毫厘,谬以千里。中国道家学派的代表人物老子说过:"天下难事,必做于易;天下大事,必做于细。"他精辟地指出要想成就一番事业,想要把整体做好,就必须从简单的事情做起、从细微之处入手。先做好每一件小事,才能顺利地做成大事。忽略细节往往会铸成人生大错,可以造成事业巅峰之危。而讲究细节则可以让人在事业中力挽狂澜、转危为安。

在今天,随着现代社会分工的越来越细和专业化程度的越来越高,一个要求精细化管理和生活的时代已经来到。可以说,未来的竞争主要表现为细节的竞争,细节决定整体,更决定成败。

公元前555年,正是春秋诸国硝烟四起的时候。当时,齐国率领军队攻打鲁国,鲁国抵挡不住,只能求救于晋国。晋国召集郑国、宋国等11路诸侯,一起出兵攻打齐国。

齐王得知这个消息后亲自率领大军前去迎战,准备和晋国决一雌雄。第一次交锋是在平阳城外,齐国遭受到了前所未有的损失。晋王又虚张声势,四下制造假象,让齐国认为晋国军队非常强大。当天晚上,齐国就准备偷偷地撤军回国了。

然而,齐王下达回国的命令是非常谨慎的,甚至连手下的一些将领都不知道。齐王要求兵士卸下铠甲武器,马蹄裹上厚布,勒紧马嘴。这次秘密撤退连平阳城的百姓都没有惊动,齐王自以为此次行动神不知、鬼不觉,可以安然撤离,然而万没想到,晋国军队到底还是冲杀了过来。最后齐国大败,很多人被活捉,成了晋国的俘虏。

那么,齐军撤退的消息是如何泄露的呢?难道是晋国的探子知道了消息?其实都不是,当时齐军撤离的时候,晋王正在中军帐内召集诸侯商讨来日攻城的计策,晋军根本不知道平阳城里的情况。原来是晋国的乐师师旷闲来无事便在城外赏月,他听到平阳城内传来了乌鸦的悲鸣声,又听到了马匹嘶叫寻找同伴的声音,对声音敏感的师旷就猜到了齐国要弃城逃走,于是,师旷连夜拜见晋王说:"齐国军队打算不要平阳城逃走了。"

晋王听了不免大吃一惊,并不相信师旷说的这个消息。

师旷解释说:"我是乐师,对各种声音都非常敏感。平阳城内乌鸦的悲鸣和马的嘶叫声都极不寻常,肯定是晋国军队想要连夜撤退。大王,机不可失,时不再来啊!"

最终,晋王听从了师旷的建议,和各路诸侯向平阳城发起了进攻。正如师旷所料,这里已然是一座空城。于是,大军继续追击,最后打败了齐军,取得了胜利。

细节决定成败,齐国的撤退计划可谓环环相扣,但是没想到被外界因素影响,泄露了行踪,从而被师旷发现了他们的意图。最后,齐国的撤军计划功亏一篑,只能接受失败的苦果,真可谓成也细节,败也细节。

在当今这个微利社会,有大局观的我们就更应该注重细节,从小处着眼,这样才能不放过任何一个决定成败的因素。一位伟人曾说过:"细节在市场竞争中从来不会叱咤风云,不像疯狂的促销立竿见影地使销量飙升。但细节的竞争却如春风化雨般润物无声。一点一滴的关爱、一丝一毫的服务都将铸就用户对品牌的信任。"这就是细节的魅力。把握生命中的细节,酝酿过程中的微小,才会取得不断的成功。

在现实生活中,我们更应该注重细节。如果对于细节我们置之不理,只会让细节扩大,从而发展成难以解决的恶果,这是一个量变到质变的过程。所以,想要成就一番事业,就要从细节着手,一步一个脚印地从小走到大。

江河之大,源自细流;九层之台,积于寸土。只有注重各个环节的细微之处,才能让我们把握住全局,才能让我们因为细节的完美而让整体完美。

丢车保帅，谋全局者谓之神

我们常常会听到"丢车保帅"这个成语，这个成语告诉我们，为了最重要的东西放弃次要的东西，这样我们才能留得青山在，不怕没柴烧。虽然从全局上来看，"车"很重要，但是和"帅"比起来还差好多，蛇无头不行，如果没有"帅"，那么整体都会变成一盘散沙了。

在关键时刻，你要学会隐忍、学会放弃，也许这样的做法会让你感到痛苦，但是这却是你必须要做的。张公艺九世同居，只以忍为题目；张良忍辱下桥取履，终成帝王之师；韩信忍胯下之辱，统率百万大军，终于拜将封王；刘备隐忍苟活、寄人篱下，终成帝王大业；司马懿忍辱负重，终挫诸葛亮之计谋……这些人虽然放弃了很多，但是他们放弃之后也得到了很多。

宋公子鲍志在天下，却长期隐忍不发、韬光养晦。一直以来，他广纳人心、散尽家财、周济贫民，在百姓中有了一定威望。

宋昭公七年，宋国遭遇大灾，举国粮荒。而宋昭公却不理国政，终日奢靡无度。公子鲍就打开自家粮仓，给百姓放粮。他不但做善举，而且做得还非常周到细致：凡是国中70岁以上的老人，都按月发放粮食衣物，并且还不断派人到一些老贤之人、有功之臣的家中去慰问，给他们带去生活所需品。对于那些有一技之长的人，他都收养在门下，宽待厚养。宗族亲戚，不分远近，凡有红白喜事，其费用全由他出。等到第二年，灾情并未得到明显改善，但公子鲍的粮仓已经空了。于是，他又去找襄夫人借钱筹粮、救济苍生。

至此，公子鲍已经赢得了良好的社会舆论，举国上下无不念其大仁大义，都明里暗里愿意推助他成为一国之君。连那位襄夫人都不再支持自己的孙儿宋昭公，主动要帮助公子鲍除掉宋昭公。

有一天，襄夫人把宋昭公出去打猎的行程密告给公子鲍，让他趁机把宋昭公杀了。公子鲍权衡了当时的局势，觉得时机已经成熟，没必要再继续掩饰自己的目的，便让手下一员干将在军中动员："国母襄夫人有令，今日要扶立公子鲍为国君，我们要同舟共济，共同讨伐无道昏君，拥戴明主！"

由于公子鲍长期恩泽四布，军中上下都对他敬仰已久，早就有扶持公子鲍主理国政之意，就连老百姓听闻公子鲍要夺取王位也是无不云集响应。

于是，待宋昭公刚出宫，众人就将其围住，宋昭公在插翅难飞中殒命。公子鲍身边的亲侍合众启奏襄夫人："公子鲍仁厚得民，宜嗣大位。"于是，在众人的拥戴中，公子鲍成为国君，就是后来的宋文公。

宋文公的成功就在于他先放弃钱财，用来换取人心，而这就是舍弃次要的，收获重要的，而正因为这样，宋文公才能统揽全局，当时机出现的时候才能一击必中。

为了大局，你该舍就应该舍，如果你不忍痛割爱，就不能获得全盘的胜利。人生难免会有低谷，难免会遇到艰难的抉择，这时你就应该把目光放得长远一些，这样你才能果断放弃一些次要的东西，保全大局。

"留得青山在，不怕没柴烧。"丢车保帅，以图将来，也许忍到最后一刻就会产生意想不到的变化，才有希望看到转机，只有笑到最后的人方才是真正的英雄。

春秋时期，齐桓公继承了王位。在鲍叔牙的建议下，齐桓公任命管仲为相国。齐国在管仲的治理下成了强国，此时的齐桓公不想偏安一隅，于是亲率大军征讨鲁国。

面对齐国的入侵，鲁国派大将曹沫应战。虽然曹沫深通韬略，但是两国国力毕竟悬殊，3次大战，鲁国皆以失败告终。

就这样，齐国一口气打到了鲁国的都城城外。鲁庄公无奈，只得向齐国求和，并献出遂邑表示自己的诚意。齐桓公同意了，双方约定在柯地举行和解仪式。

在和解仪式进行的前一天，曹沫对鲁庄公说："大王是想死而又死，还是愿意生而又生呢？"

鲁庄公非常惊疑："你这是什么意思？"

曹沫说："死而又死就是指，如果您不听从我的计策，鲁国就会灭亡，而您也会遭受到齐国的侮辱；生而又生就是指您听从我的计策，这样的话我们的国土不仅不会减少，反而会扩大，您也可以高枕无忧。"

鲁庄公当然选择了后者。于是，曹沫把他的计策说给鲁庄公听，鲁庄公连声叫好。

第二天，齐国和鲁国在柯地进行和议。谈判时，曹沫突然行动，用匕首抵住了齐桓公的脖子，然后对齐国的大臣们说："都不要轻举妄动，否则我就杀了他。"

齐国的大臣和兵士见事发突然，都不敢向前，连声问曹沫想干什么。

曹沫说："齐国幅员辽阔，鲁国贫瘠弱小。齐国若是无休止地索取，鲁国就无休止地给予。一旦鲁国城墙倒塌，就会压到齐国的土地上了。你们想想应该怎么办吧。"

齐桓公明白了曹沫的意思，他是想让自己把侵占到的鲁国领土归还给他们。

为了保全性命，齐桓公只得答应了。这话刚说完，曹沫就放下刀子，把齐桓公放了回去。

回到齐国后，齐桓公非常生气，甚至想要背弃盟约，不给鲁国土地。

管仲说："您这样做不对，曹沫对您横刀相向是您事先没有料到的事情。在当时处境之下，您没有坚持己见，而是选择了妥协，是您的不勇敢。您答应鲁国归还土地，如果不遵守，就会失去信用。如果您背信弃约，这比丢掉鲁国土地的后果还要严重啊！"齐桓公觉得管仲说得很对，只得忍下被威胁的耻辱，把土地归还给了鲁国。

从那之后，各地诸侯觉得齐桓公非常讲信用，就纷纷来投靠。齐国因此变得更加强大，齐桓公也成了春秋五霸之一。

如果说土地是"车"的话，那么信誉就是"帅"。失去土地，齐国可以得到更多，但是失去信誉，齐国就会失去一切。齐桓公明白，想要成就大事，信誉才是根本，所以他才甘愿舍弃土地，保全自己的信誉。

齐桓公之所以最终取得成功，靠的就是自己的大局观。如果没有胸怀天下之志，他又怎么会放下屈辱？又怎么会听从管仲的建议？

人生除生死外别无大事，关键时刻正能体现你谋全局的大气概，只有心中有全局，你才能果断舍弃。

很多人总是在问成熟的标志是什么，其实，成熟的标志就是当初你看重的东西，现在看轻了，正因为这样，你才能说自己成熟了。"丢车保帅"和这个是一样的道理，作出抉择是我们每个人都会感到痛苦的，但是这却是你不得不作出的抉择，看轻一些，多为全局着想一些，你才能看到更加光明的未来。

谋定而后动，和谐助发展

中国自古以来就是礼仪之邦，其中"礼"的最高境界就在于一个"和"字。古往今来，任何一个人想要进步、任何一个集体想要发展，和谐都是不可或缺的元素。如果一个人把精力都花在了与别人的争斗上，一个集体的资源被内部争斗所消耗殆尽的话，那么，所谓的发展、所谓的未来就只能是水中月、镜中花了。

所以，对于个人而言，与外界和谐一致才能为自己营造出良好的发展环境；对于集体而言，身处其中的每个成员彼此之间相互和谐才会产生正向的"合力"，从而带动整个团队乃至国家的发展。

如果你过于自我，失去听取意见的机会，就会让你因为一时的意气用事而让全局溃败。与人交往，为的就是和对方成为朋友，就是要懂得和谐，不要总是站在自己的角度去思考问题，而是需要你学会站在别人的角度去思考问题。盲目自我，不去考虑别人，只会危及自身生命。

在一片森林里生存着一只鹰王和一只鹰后，它们准备挑选一棵又高又大的橡树来居住，在上面筑巢，然后休养生息。

鹰王和鹰后要挑选橡树筑巢的消息不胫而走，鼹鼠听到这个消息后感到非常惊讶，它觉得在橡树上筑巢是不明智的，于是它就找到了鹰王，说道："挑选橡树筑巢是极其危险的举动，大部分橡树的根已经开始发烂，随时都有坍塌的危险，你们还是另择良处吧！"

鹰王对鼹鼠的劝告不屑一顾，非常不高兴："我做什么事还用得着你管？你们这些每天只会躲在洞里的家伙，难道你认为你的眼睛比我们老鹰的眼睛还要锐利吗？你以为你是什么东西，竟然敢来干涉本大王的事情！"

鹰王依然我行我素，根本没把鼹鼠的劝告放在心上，只想着早日筑巢，然后繁衍后代。

没过多久，巢就筑好了，鹰王和鹰后举家迁徙。不久，鹰后就孵出了一群可爱的小鹰。

有一天早晨，鹰王照例出去猎食，带着丰盛的食物回到了住处。但是没想到，鼹鼠的话一语成谶，那棵橡树果然倒塌了，鹰后摔成了重伤，它们的孩子无一幸免。

鹰王看着已经死亡的孩子们感到非常伤心："我真是不幸啊！如果我听从鼹鼠的建议，就不会发生这样的惨剧了！"

鹰王自以为自己高高在上就目中无人，对鼹鼠的话嗤之以鼻，根本没去考虑鼹鼠的建议好不好，最终自食恶果。尺有所短，寸有所长，每个人对待事情都无法面面俱到，如果不虚心听从他人的意见，就会导致非常惨痛的后果。放下身段，多去考虑一下别人的意见，这样你的人际关系才会变得更加和谐，而成功也将会在和谐中孕育而生。

生意场上有句话叫和气生财，说的意思就是人和了，彼此之间的贸易往来才会顺畅，也才会为双方赢得更多的利润。那么同样，和谐之气在为人处世方面也一样重要。人都是环境的动物，没有和谐的环境，又如何企求个人更好地发展？而往往是，心情可以自控，环境可以创造，只有抱着一种与人为善、求和求友的心态才能建立起良好的人际关系，从而走向良性循环的发展模式。

处理好人际关系是一种非常大的谋略，正因为有这样宽广的胸怀，我们才能得到更多人的尊重。对家和为兴、对友和为贵不仅是众人皆知的大道理，更是我们应该用实际行动去做的。只有这样，才能让自己的人生平台更宽广，未来更敞亮。

战国时期，蔺相如在渑池之会上立了大功，赵惠文王非常高兴，一回国就拜他为上卿。

廉颇得知此事后非常生气，私下对自己的手下说："我是赵国大将，为赵国南征北战，立下了汗马功劳。而蔺相如只会耍嘴皮子，哪还有什么功劳？竟然成了上卿，比我的官还大。等到我见到他，一定要好好羞辱他。"

蔺相如听闻此事后，就装病不去上朝了。但是冤家路窄，有一次，蔺相如带领自己的门客准备出去，看见廉颇的车马迎面而来，蔺相如马上下令让自己的车队退在一旁，请廉颇先过去。

蔺相如的手下非常生气，认为蔺相如胆小怕事，蔺相如反问他们道："廉颇和秦王比，谁的势力更大？"

众手下不假思索地回答道："当然是秦王的势力大了。"

蔺相如说："你们说得没错。全天下的诸侯都怕秦王，但是我不怕他。我既然敢当面指责秦王，又怎么会害怕廉颇将军呢？但你们也许不知，秦国之所以不敢来侵犯赵国，就是因为我和廉颇将军两个人同时存在。如果我们两个失和，被秦国知道了，他们就会派兵来攻打我们。为了国家，我不能得罪廉颇将军。"

这段话传到了廉颇的耳朵里，廉颇听到后非常惭愧。他是个直性子的人,知道自己做错了,于是裸着上身、背着荆条来找蔺相如请罪。蔺相如赶忙扶起他来:"我们两个人都是赵国的大臣,食君之禄,担君之忧,我已经非常高兴了,您怎么能来向我赔礼呢?"

自此之后,廉颇和蔺相如成为知心的朋友,全心全意地辅佐赵王。

面对廉颇的挑衅,蔺相如选择了回避,选择了顾全大局,处处忍让、以和为贵,最终用自己的一片真诚之心感染了廉颇,使双方和解并且成为了至交,也成就了将相和的千古佳话。

事实上,在为人处世时为了集体的利益,我们要敢于放弃个人利益。我们要尽自己最大的可能与身边的人和谐相处。要明白这样一个道理:只有和谐才能让你进步,你所在的集体也才能有一个光明的未来。

先知先觉,全面分析,以强胜弱

我们总是觉得危机是突然而至的,无法预测、无法防备。但实际上,在日常生活和工作中,总是会有那么一些蛛丝马迹预示着危机到来的可能性。这时,就需要我们有敏锐的神经和深邃的洞察力,发现端倪,将危机消除于无形。

其实,没有人天生就能先知先觉,这就需要你有足够的危机意识和懂得居安思危的智慧,而这正是你对大局具有宏观意识的一种体现,这样一来,你就一定可以发现表面现象之下的波澜,把危机扼杀在摇篮里。

作为一家日用生产小厂,日本的西治会社生产的产品有游泳衣、游泳圈、雨衣、玩具、尿垫等。尽管项目众多,但西治会社的员工总共只有28人,厂小利微,经营一直很不景气,尤其是"二战"结束后,民间购买力下降,西治会社生产的游泳衣、雨衣等生活用品根本就卖不出去,亏损日益加剧,随时都有倒闭的可能。

不过，西治会社的社长多川博先生从来都没有放弃求胜的信念，他对战后日本的复苏充满信心，仍苦苦地支撑着在商海险风恶浪中飘摇的小厂，期望着有一线转机。

终于，事业的转机来了。有一次，多川博先生从一份日本人口的普查报告中得知，日本正处在战后生育高峰，每年平均有250万个婴儿出生。他想：按每个婴儿每年使用两块尿布计算，全年就要消耗500万块尿布；如果每年每个婴儿用4块尿布，那每年就要消耗近1000万块尿布了。

想到这里，多川博先生开始抓紧时间进行调查。他发现，日本还没有专门生产尿垫的厂家，于是他很兴奋，他知道自己已经找到了一条能从困境中突围的商机。于是，多川博先生当即决定改变经营方向，放弃尿垫以外的产品，把西治会社改为尿垫专业公司，集中企业的人、物、财等所有力量大力发展婴儿尿垫和尿布的生产。

多川博先生的决定起初让很多员工不明白，认为放弃生产游泳衣、游泳圈、雨衣等传统大件产品，专门生产小小的婴儿尿布恐怕得不偿失。但多川博先生并没有因此改变自己的主张，他坚信这是一条起死回生的出路，只要产品质优价廉，一定会受到日本妇女们的欢迎，打开日用消费品的市场。

终于，经过几年的努力，"西治"婴儿尿布逐渐被日本少妇所接受，成为市场上的畅销商品，每年平均生产达1000万块的数量还远远不能满足市场的需求。

如今，西治会社尿垫已蜚声日本国内外，产品远销世界80多个国家和地区，公司的营业额以每年20%的速度递增，高达近百亿日元，多川博先生也因此被誉为"世界尿布大王"。

由此可见，及时根据市场方向改变发展策略，这样我们才能及时地转危为安。先知先觉是对自己的一种负责，更是对未来的一种正确的评估。及时转变策略，及时做出调整，你才能够成为变幻无端世界中的真正强者。

当一些问题出现在我们脑海里的时候,我们要做的就是及时做出判断,看这些问题是否真的存在、是否真的影响大局,如果影响,就要全面分析,然后判断出影响,这样我们才能以强胜弱,才能无往而不利。

秦朝末期,天下大乱。刘邦经过长时间的征战,才从各路豪杰中脱颖而出,建立了汉朝。

有一天,刘邦发现很多大臣都聚集在一起窃窃私语,觉得非常奇怪,就问张良:"他们在商量什么?"

张良回答说:"他们在密谋,准备造反。"

刘邦大惊失色:"他们为什么想要造反?"

张良说:"现在,皇上重用的只是萧何和曹参等那些跟您最亲近的人,而被诛杀的都是和您疏远的大臣。但是,如果您对每位大臣都进行奖赏,那也是不现实的,因为就算是把天下的土地都分封出去也不够用。这些大臣就是在讨论这些事情,与其得不到奖赏,被诛杀,还不如聚众造反,或许还能突围出来,保全性命。两害相权取其轻,于是他们就商量如何造反了。"

刘邦听张良一分析,心里顿时凉了下来:"那朕应该怎么办?"

张良就问刘邦:"皇上现在最恨的人,而且朝中很多人都恨的这个人是谁?"

刘邦不假思索地回答说:"雍齿。"

"正是。如果皇上给雍齿封侯,这样一来,群臣们就认为,皇上都能给自己最恨的人封侯,他们的大好前景也是指日可待了。如此,大家的恐慌心理就消失了,皇上自然就不用担心这场风波再会有什么危害了。"张良不紧不慢地回答说。

刘邦听从了张良的建议。不出所料,这些大臣果然安心了,汉朝的统治也得以稳固。

张良不愧是秦末时代最聪明的人,他能从一些大臣的窃窃私语中发现刚刚建立的大汉王朝所蕴含的潜在危机,并且及时向刘邦提出了化解危机的办法,维护了年轻汉朝的安全和稳定。如此先知先觉之人,又怎能不说是大智者呢?

　　燕子低飞证明暴雨将至、牲畜不安证明地震来袭……我们生活中的许多事情看似偶然,实则在偶然中蕴含着必然。先知先觉的人最擅长的就是看穿偶然中的必然。时刻警惕、未雨绸缪,不仅避免了危机在实际发生后所带来的损失,而且还能降低解决问题所需要的成本。

　　如果你也想做一个先知先觉的聪明人,想要把生活中潜藏的危机消弭于无形的话,那么首先需要做的就是让自己具备一个勤于思考的大脑和一双善于观察的眼睛。如果你能看出大家都能看出的危机,就不叫先知先觉了。只有众人觉安、一片祥和之时,才是你最应该保持警惕、绷紧神经的时候。

"谋"在长远
——学会用战略眼光看问题

> 世界上没有任何一件事物是绝对静止的,这就要求我们要用发展的眼光去看待问题。如果我们只看到问题的表面,只看到了这一秒钟的问题,那么我们将会得到失败的沉重打击。
>
> 人只有站得高,才能看得远。只有看得远,才能走得远。把目光放得长远一些,我们才能看到更多影响我们发展的因素,才能统揽全局,看到更加光明的未来。

良禽择木而栖,贤臣择主而从

俗话说:"良禽择木而栖,贤臣择主而从。"对于"良禽"和"贤臣",工作环境和领导者是一个大问题。选择什么样的环境、选择什么样的领导,也许就会决定你的一生。当环境和领导不适合你的时候,摒弃迂腐的固守,勇敢地走出现状不失为一种明智的抉择。

对于工作,我们不要得过且过,选择适合自己的工作环境和领导正是我们具有大局观的一种展现。适合自己的才是最好的,只有选择出真正适合自己的工作环境和领导,我们才能让自己的动力源源不断地激发出来。

如果想要真正发挥出自己的能力,选择一个真正适合自己的领导才能带领自己取得成功。其实,这一切都是根据我们的意愿而发展的,如果我们有长远目光,知道自己未来的路应该怎么发展,应该和谁一起发展,只有确定这些,我们才能取得一番成就。

德国一所小学对1990年后本校毕业的300名学生进行了长达15年的"成长追踪"。后来,他们整理出定期追踪结果,发现了一个非常有趣的现象:这些学生走上工作岗位后,已经得到提拔重用的有68人。而令人难以置信的是,这68人均是当初在小学时就已经是学校组织某种活动中有较为积极表现的人,其中有33人给校长写过信,有20人跟校长共进过午餐。也就是说,在这68名最早得到社会认可也最早找到用武之地的学生中,有65人在小学就结识过校长,比例高达95.6%。

对自己负责的人,才会选择负责的领导。选择真正适合自己的领导,选择真正适合自己的道路,我们才能树立信心,才能长足发展。

别人认为好的东西不一定好,但是适合自己的东西才是真的好。选择对了领导,我们才会心甘情愿为其做事,才会看到自己光辉灿烂的未来。如果你认为随便选一位老板为其工作就可以的话,这是一种鼠目寸光的做法,因为你的未来由你做主,如果你敷衍自己的未来,那么你的未来将会因为你鼠目寸光的表现而一片黑暗。

马援是东汉初年著名的政治家和军事家,他为东汉王朝的建立、巩固和发展作出了巨大的贡献。马援之所以能够功成名就,不但是因为他从小就非常聪明,更重要的是他懂得择明主而事。

马援少有大志,但却是大器晚成。在没有遇到贤明的君主之前,他虽然有着满腹才略,但却并不施展,因为他不想随波逐流。

完全明择是很难办到的,因为它需要你暂时放下手中的一切,因此马援颇为担忧,心里总是不得安宁。马援曾对宾客说:"丈夫为志,穷当益坚,老当益壮。"可见其志向的远大。

王莽末年,天下局势更加动荡不安,各地义军纷纷揭竿而起,各地豪强地主也纷纷割地称雄。当时刘秀称帝,其他很多人也纷纷效仿,自立为王。

这个时候,有人得知马援是个有勇有谋的人才,就把他推荐给了王莽。

盛情难却之下，马援只好接受。但是过了没多久，马援就发现王莽是一个莽夫，根本没有治国安邦的才能，于是他离职回到了自己原来的地方，重操旧业。与此同时，他还十分冷静地对当前的形势做了进一步的观察与分析，以便找到真正贤明的主君。

没过多久，天水(今甘肃一带)的隗嚣听说马援之名，便请他出山帮忙，并予以重用。隗嚣对马援可谓是言听计从，但是马援却不满意，觉得隗嚣没有远大的志向，只图偏安一隅，且缺乏实力。

在当时还有一个十分强大的势力，即称帝巴蜀的公孙述。隗嚣便让马援去公孙述那里打探虚实，以便决定到底投奔谁。马援与公孙述在儿时非常要好，但是这次相见，公孙述却对马援大摆帝王架子和排场。这种作风让马援极其厌恶，因而婉言拒绝了公孙述的挽留。回去后，马援对隗嚣说公孙述实在是井底之蛙却妄自尊大，因此不能跟随。所以，他好意劝说隗嚣归顺刘秀。

马援说服隗嚣后，马上出使洛阳。刚到洛阳，就受到刘秀不设警卫而便装相迎的礼遇。刘秀的这种礼让相待的做法让马援一见如故。自此之后，马援常常与刘秀深谈，并且经常跟随刘秀外出巡视，这些经历让马援获益良多。时间一长，马援便认定刘秀是个贤明之主。

与此同时，隗嚣却野心膨胀，想要妄自称王，准备和刘秀公开抗衡。针对眼前的形势，马援又一次进行了客观的分析，认为刘秀志远而礼贤，隗嚣短浅而粗野。最终，马援选择了辞别隗嚣去投奔刘秀。

自此之后，马援终于有了用武之地，开始跟随刘秀踏上了东汉的统一之路。在刘秀身边，马援如鱼得水，充分展现了他的雄才大略，屡建奇功。虽然这个时候的马援已经不再年轻，但是他最初的远大抱负却终成事实，使他成为一代名将。

在那种动荡不堪的时局下，面对此消彼长的各方势力，马援能够明智地选择投奔明主刘秀，这是非常富有远见的。如果当时跟随隗嚣，马援也依然会被器重，也会有优厚的待遇。但是马援能够认识到这样的情况不会长远，因为当时天下"百姓思汉"而渴望统一，而刘秀恰恰是这一趋势的杰出代表。因此，他毅然决然地放弃了隗嚣给予的优厚待遇，转而投奔刘秀的后起之军。

马援的成功就在于他懂得思考自己应该选择什么样的领导，选择对了才会人尽其才。因此，我们要将目光放得长远一些，不要盯着眼前的这些既得利益，要学会闻一以知十，这样，你所作出的选择才不会让自己后悔。

一个胸怀大志的人应该明白，只有和志同道合者一起构成一个智慧超群、饮誉天下的团体，才能让己、让人同时发光发热。想要让自己取得成就，找到一个适合自己的领导是非常重要的。当你遇到一个真正可以施展自己抱负的机会时，你更应该像马援一样，果断而及时地摆脱现状，投奔到更广阔的天地。放弃眼下，是为了将来谋求更好的发展。

放弃虚名一身轻

很多人喜欢追名逐利，总是把金钱和权势看得很重，这样的人生活得很累，而且也获得不了多大的成就。钱财是身外之物，就算你赚再多，也不会有满足的那一天。你要做的就是把金钱看淡一些，这样你才会变得轻松。

如果你把金钱看得太重，过度在意金钱，就会让你变得斤斤计较，变得非常吝啬。当你被金钱所操纵的时候，你的目光就会变得短浅，这样一来，你的未来将会被名利牵绊住。

虚名累人，如果你被虚名牵制住，那么你就看不到自己未来发展的方向。名利双收固然好，但是过于看重名利，只会让你失去未来发展的规划，只会让你在发展中迷失自己。

IBM公司的前总裁汤玛士·化生一直梦想能在美国商界呼风唤雨,为了让公司百尺竿头更进一步,他每天都在不知疲倦地努力工作。

一段时间之后,汤玛士·化生因为过度劳累而患上了心脏病,医生建议他要少工作,多花时间去休息,但是汤玛士·化生不听,依然废寝忘食地工作。他认为,现在是公司的关键时期,如果不努力工作,公司就会停滞不前,而提高效益也就会成为一纸空谈。

正当汤玛士·化生废寝忘食地投入工作的时候,他的心脏病复发了。医生检查之后发现,他的病情急剧恶化,如果再不住院治疗的话,就会有生命危险。医生强烈要求汤玛士·化生住院,但是汤玛士·化生却说不行,他解释说:"我的公司现在正需要我,我天天都有忙不完的工作,哪有时间来住院啊!"

医生看着汤玛士·化生,没有说什么话,而是叫他一起出去走走。当他们走到荒郊的一处墓地的时候,医生指了指身旁的坟墓说:"躺在这里的就是一位亿万富翁,我曾无数次劝说他要住院,但是他总说自己要赚钱,他要等到赚够钱之后再来住院。但是等到他来住院的时候,我用了最先进的治疗设备和最好的药,但都于事无补,他还是去世了。"

汤玛士·化生听完之后沉默良久,他站在那里思索了很长时间,最后决定住院。第二天,他包下了医院里的一间病房,并且装上了一部电话机和一部传真机。在医生们的努力下,汤玛士·化生最终康复出院了。

出院之后的汤玛士·化生辞职了,在乡下买了一栋别墅,过起了闲云野鹤般的生活。这种闲适的生活让汤玛士·化生非常满意。他还热衷于慈善事业,希望能为更多的人解决生活问题。

有一句话说得很好:"当我们把金钱当成奴隶时,它是个好奴隶;而当我们把金钱当成主人时,它就是一个坏主人。"事实的确如此,除了金钱之外,还有很多有价值的东西值得我们去追求、去把握。

不要把钱看得太重,如果看得太重的话,你就会被金钱和虚名所累,而你的目光就会变得非常短浅；如果你把金钱和虚名看淡一些，就会觉得自己身轻如燕，没有任何事情能够左右你，而你光辉灿烂的未来就会彻底地展现出来。

春秋时期的孙武在战场上奔波了十几年，为吴国的兴旺强盛作出了重大贡献，特别是在吴楚战争中更是起了至关重要的作用，可以说是功高盖世。战争结束后，吴王阖闾大宴群臣，论功行赏、加官晋爵。

吴王征求众臣的意见，问他们谁的功劳最大，众臣一致认为首功非孙武莫属。众臣们的推举正合吴王的心愿，因此在所有受赏的大将中，孙武的赏赐最丰厚。功成名就的孙武能得到厚禄高官，还有享不尽的荣华富贵。

但是，出乎吴王阖闾和所有人的预料，孙武对于吴王给自己的封赏却坚辞不受，而且提出辞呈，要解甲归田，告老还乡，对此，众人都大感不解。后来吴王实在不愿孙武此时离开，就派伍子胥前去劝说挽留。怎奈孙武去意坚决，任凭伍子胥劝言说尽，终不能使孙武回心转意。

孙武急流勇退的做法需要很大的勇气，更需要过人的智慧。尤其在当时的情况下，表面上看来没有任何不好的征兆，危机还没有显现，作出这种决定需要一定的预见性。

放弃名利追逐，放弃一切不重要的东西，你才能看到更加清晰的未来，如果你总是盯着眼前的这些微利，就会显得非常幼稚。你不是孩子，不要因为一点点物欲的满足就迷失自己。

关键时刻，你要学会隐忍、要学会放弃。对物质要求越低，你的心灵就会越自由，这样，你才能看到金钱和虚名背后的灿烂明天。

谦逊做人发展远

古人说:"不学礼,无以立。"意思就是如果你不学"礼",就无法在这个社会上立足生存。那么,什么是礼?简单地说,礼就是律己、敬人的一种行为规范,是表示对他人理解和尊重的一个形式和过程,懂得谦虚,才能收获越来越多的人脉,才能让自己发展得更加长远。

一个人时刻注意修身明礼,注意自己的品行,不仅会让身边的人喜欢他,更能为自己留后路,当遇到困难的时候,肯定会有很多人愿意伸出援助之手慷慨解囊,让他平安顺利地渡过难关。可以说,谦逊有礼就是广结善缘的基本条件,它不仅能让你得到回报,而且更能让你今后的道路越走越宽,直至走向最后的成功。

自古以来,多少名臣名将治国济世堪称奇才高手,而治家却少方无能。然而被清代称为"中兴第一臣"的曾国藩,其治家教子都被公认为中华第一能人。他教育子女要勤勉劳苦、力戒奢侈,更重要的是要谨严做事、以礼待人。

虽然当时曾国藩功名显赫,却从来不嚣张跋扈。据曾国藩的曾孙女曾宝荪回忆说:小时候就被反复告诫曾祖父的教训——"门第越高,越应谦虚待人、谨慎处世,切不可盛气凌人、仗势胡为。"

曾国藩反复告诫家人:"切不可有官家风味。"他规定:"门外挂匾,不可写'侯府'、'相府'字样。"对四邻"以和相处,不可轻慢,酒饭宜松,礼貌宜恭",不可"有钱有酒款远亲,火烧盗抢喊四邻";对雇工和佣人"要尊重,不可颐指气使。对自己不满意的人,不能当面给人难堪,使人下不了台";对地方官员,"不可无理怠慢,更不准随意增添麻烦"。

才识、修养愈高的人,在态度上反而愈谦卑,能够博取众家之长,使自己更加精益求精。也正因为此，他们往往具有容人的风度和接受批评的雅量。在与人交谈中，心平气和的人也更容易被人接受。反之，伴有嘲讽、挖苦或大声斥责的盛气凌人不但不受他人欢迎，还会增加对方的对立情绪，给自己造成不必要的麻烦。

我们每个人都有独立的人格，如果你不能做到平易近人、谦虚处世，最终只会让你处处树敌，长此下去，你未来发展的道路将会被敌人堵塞住，想要再前进一步就变得千难万难了。

你要有自知之明，需知山外有山，天外有天。个人的知识、能力总是有限的，要善于发现和学习别人的长处。有地位的人不要以地位骄人，有才学的人不可以才学恃人，有财富的人不能以财富傲人。如果有这样的胸襟，自然能以谦和平等的态度待人，不致给人以骄狂傲慢的俗态。

"劳谦虚己，则附之者众；骄慢倨傲，则去之者多。"谦逊待人，愿意和你亲近交往的人自然就多；如果骄傲自大、盛气凌人，那么原来和你亲近的人也会离你而去。

晋周是春秋时期晋国国君晋襄公的曾孙，他的爷爷是晋襄公的小儿子桓叔公，父亲是惠伯公孙谈。

晋周生不逢时，当时，晋国国君晋献公宠信骊姬，很多晋国公子都遭到了残酷的迫害。晋周虽然没有争立太子的条件，更没有即位的希望，但也没能幸免。为了保全性命，晋周一家离开了晋国来到周国。

当时的晋国是大国，而晋周又是以晋公子的身份来到周朝，所以受到了格外的礼遇。以前晋国的公子在周朝由于自居高贵、目中无人，所以名声一直不好。但是晋周却不同，他的行为举止完全不像贵公子，并虚心向单襄公学习请教。

单襄公是周国有名的大夫，学问渊博、待人宽厚，是周天子和各国诸侯王公都很敬重的人物。每当单襄公与天子王公相会议论朝政时，晋周总是毕恭毕敬地跟在他的后面，有时一站就是几个小时，从来没有一丝倦意。没有他的问话，他从不多嘴多舌；即便他人询问也是谦虚谨慎地回答。所以王公大臣们都夸奖晋周站有站相、坐有坐相、谦虚有礼，是一个少见的谦谦君子。

晋周之所以能修得这么好的品行，都是因为他经常虚心地向单襄公请教、学习为人处世之道的结果。

当时晋国连年战乱，朝野动荡不安。晋周虽然身在周国，但仍然时刻关心着晋国的情况。一听到不好的消息，他就为晋国担忧流泪；一听到好消息，就兴高采烈。如此一来，便招致了很多人的不解和质疑。对此，晋周解释说："晋国是我的祖国，虽然有人容不下我，却不是祖国对不起我。我是晋国的公子，晋国就像是我的母亲，我怎么能不关心呢？"

晋周在周国数年，一直注重自己的言行举止，无时无刻不是一副谦逊有礼的君子之态。在他身上从来没有发生过不合礼数的事情，所以周朝的大臣都很爱戴他。

单襄公临终的时候，他对儿子说："要好好对待晋周，晋周举止谦逊有礼，今后一定能成为晋国国君。"

后来，因为晋国国君晋厉公骄奢，自以为不可一世，遭到群臣不满，特别是中军元帅栾书，他建议由远在周国的晋周做晋国国君，理由是晋周明礼谦逊、德贤出众。这一建议得到了群臣的一致认可。就这样，晋周成为了历史上的晋悼公。

晋周凭借自己的优良品行当了国君之后，依然保持着谦逊有礼的做人处世方式，把国家治理得井井有条。受到他的影响，所有大臣都学着谦逊礼让，发生在晋悼公时期的"集体谦虚"事件最能说明这一点。

人品高、知识多、见闻广的人，才能以谦逊的态度待人，骄狂傲慢的人往往是浅薄无知的。这种人摆出一副盛气凌人、不可一世的俗态，只会引起别人的反感而无法获得他人的尊敬和信任。

只有谦逊做人，你才能把朋友变成敌人。我们常说，伸手不打笑脸人，既然你对身边人已经足够谦逊了，他们又有什么理由不来尊重你呢？你做人就应该像稻穗一样，一根成熟的谷穗从来都是谦逊的样子；同样，一个真正涵养深、底子厚的人也会以低身弯腰的姿态待人，而这正是你能够长远发展的根本保证，是你取得成功的必备法宝。

容人一时，成己一世

　　一个人的胸怀有多大，他能取得的成功就有多大。宽容是一种美德，它能让你看到世间的美好，走出人生的藩篱，找到人世间最真的美好。宽容的人是有长远目光的人，因为他们知道，世界上的任何一个人都会有低谷，容人一时，为的就是当自己危难的时候成己一世。

　　懂得宽容的人是找到成功方向的人，他们知道，如果想要在人生漫漫长路上收获到越来越多的朋友，最应该做的就是以容己之心容人。人生不是单行道，以自我为中心的人是很难成功的。而宽容就像久旱后的甘霖，可以滋润万物，更能滋养你的心灵，让你不断向前迈进，不以物喜，不以己悲，促使你达到宠辱皆忘的境界，而这正是谋略的最大体现。

　　宽容是一种人生境界，它可以改变你的人生，更可以改变你未来的发展方向。懂得宽容才能够收获宽容，正因为拥有这样的长远目光，才让你的人生熠熠生光。

　　19世纪俄国有世界声誉的现实主义艺术大师屠格涅夫说过："不会宽容别人的人，是不配受到别人宽容的。"事实上确是如此，只有当你学会宽容，你的人生才会变得精彩，而正是因为宽容，你才能为自己实现成功创造出温床。

　　一个有长远规划的人必然是一个懂得人情的人，他们知道，就算自己不能和对方成为朋友，也千万不能给自己树敌。

　　唐朝武则天时期，娄师德高居宰辅之位。他是一个严于律己、有包容心的人。一次，他弟弟要出任代州刺史，临走前，娄师德对弟弟说："我现在担任宰相，而你又要出任代州刺史，我们从皇上那里得到了太多恩惠。对此，难免会遭到很多人的忌妒，你有什么好的解决办法吗？"

娄师德的弟弟跪下说道："从今以后，就算有人朝我脸上吐口水，我也只是轻轻擦掉，不会记恨，不会让兄长为我担心的。"

娄师德正色道："这也正是我所担心的，别人向你吐口水，是因为他们心有怨恨。如果你在当时就把口水擦掉，恰恰违反了他们的意愿，如此一来，就会更加重他们的怨恨。所以，如果真有这样的情况发生，千万不要去擦掉它，而是微笑着接受，然后等待口水自然风干。"

娄师德的这番话听起来不免有些窝囊，然而事实上，这正是他为人处世宽容的表现，是真正的君子所为。

娄师德不仅教育弟弟要宽容，更是这样严格要求自己。当有人得罪他时，他也是采取宽容退让的态度进行自我反省，而神情却没有多大变化。

有一次，娄师德和当朝宰相李昭德一起出门。因为娄师德身体肥胖，所以走路速度比较慢，李昭德嫌娄师德走得太慢，就非常生气地说："哎，我被耕田的汉子给耽搁了。"娄师德听出他是在讥讽自己，但是却毫不生气，反而笑着对李昭德说："要是我不做耕田的汉子，那谁还愿意去做呢？"

娄师德这样一说，李昭德反倒觉得自己很不好意思了。

看完这个故事，有人会说这是娄师德懦弱无能的表现，或者说他是个惺惺作态的伪君子。其实不然，这正是娄师德的过人之处，是他仁爱宽恕的最好表现。

英国诗人济慈说："人们应该彼此容忍，每个人都有缺点，在他最薄弱的方面，每个人都能被切割捣碎。"因此，你要像娄师德学习，学习他仁慈的做法，这样你才能结交到朋友，才能成就自己。

泰山不让土壤，故能成其高；大海不择细流，故能成其深。宽容的人生，带来的是民心所向，是高瞻远瞩的别样呈现。综观中国历史上杰出的人物，无不具备宽容的高尚道德品质。正是因为拥有这样的素质，才使得成功人士更加成功。

"谋"在心理
——以沉稳之心料风云变幻

> 比高山更广阔的是大海,比大海更广阔的是人的心灵。只要你内心足够强大,就能够应对所有的突发情况。人生无常,有强大的内心才能面对云谲波诡的变化,才能够以静制动,取得最后的胜利。
>
> 未战先怯、未谋先弱,只会让自己吞下失败的恶果。是强者,就要有强大的心灵。只有拥有强大的心灵,你才能做到泰山崩于前而岿然不动,才能够让谋略熠熠生光,照亮成功之路。

重视自己,谋为己用

看重自己是增强自信心的一种体现,更是危机意识不断增强的结果,它可以调节你内心封闭的世界,让你的内心不断完善、不断提升。那些成功的人非常看重自己,而这就是内心强大的一种外在表现。

内心强大的人往往能够看到更加光明的未来,因为他们知道自己在做什么、知道自己能够做成什么,只有明白这些,才能够走得更长远。人生路漫漫,谁都无法预知下一秒钟是福还是祸,但是你却可以沉着面对,用自己强大的内心迎接一个又一个新的挑战。

战国时候,秦军在长平一战中大败赵军。秦将白起乘胜追击,派兵包围了赵国的都城邯郸。

一时间,赵国危在旦夕,赵王命令平原君马上派人到楚国求救,解除邯郸之围。

平原君把门客都召集起来,准备挑选20个有才之士和自己一起前去求援,挑来挑去,总是还差一人,平原君非常焦急。这时,毛遂站出来说道:"食君之禄,担君之忧,既然国家有危难,那就算我一个吧!"平原君对毛遂没什么了解,本来不打算派他去,但是经不住毛遂的坚持,最后只得同意了。

到了楚国,楚王只说召见平原君一个人,其他门客只能在殿外等候。楚王和平原君从晨光初露一直谈到了日上中天,仍然没有结果。

这时,毛遂在殿外跨上了几级台阶,大声叫道:"出兵救援的事,不是好事就是坏事,如此简单的事,为什么谈论这么久还没有结果?"

楚王听后非常生气,就问平原君:"殿外叫喊的人是谁?"

平原君说:"他是我的门客,名叫毛遂。"

"你快退下,我自与你的主人谈话,你上来是什么道理?"楚王大怒。

毛遂不但不听劝告,反而又跨上几级台阶,按住腰间的宝剑说:"现在,我和大王的距离只有10步,大王的命在我的手里!"

楚王见毛遂如此勇敢,就没有喝止他,而是让他继续说下去。

接下来,毛遂就分析了楚国援救赵国的利害关系,鞭辟入里、头头是道,楚王不住地点头,最后同意马上出兵驰援赵国。

没过几天,秦军就被击退了,平原君大赞毛遂,认为他是一个有勇有谋的人才,从此奉他为上宾。

这就是毛遂自荐的故事,毛遂有超凡的自信,认为自己非常有能力,这不是浮夸,事实证明毛遂是有真才实学的。如果毛遂不敢自荐,只会像普通人一般,碌碌无为地度过自己的一生。

人活于世,就要不断告诉自己"我能行,通过努力,我能达到预期的目标"。只有用这样的话语不断激励自己,才会促使自己变得越来越强大。当然,不能盲目自大,不仅要督促自己,还要不断补充自己的知识,让自己真正变得强大起来。

真正有大智慧的人就应该像某位伟人说的一样："自信人生二百年，会当击水三千里。"百岁光阴，七十者稀，如果把时光都停留在犹豫不决上，只会逐渐消磨掉人的激情，最后只能让你成为毫不起眼的小人物，碌碌无为地度过一生。

因此，我们要重视自己，谋为己用。你只有重视自己、相信自己，才能展现出自己的超凡魅力，并且能使你在魅力的感染下提升自己的自信，展现出自己的沉稳，而只有这样，当问题出现的时候，你才会临危不乱，才会坚守住自己的本心。

小泽征尔是世界著名的音乐指挥家，他的成功不单单是因为他在音乐上的天赋，更是来源于他非凡的自信。

有一次，小泽征尔去欧洲参加指挥家比赛，在三甲争夺战中，他被安排在最后一个出场，评委在他上台之前给了他一张乐谱。

正当小泽征尔全神贯注地投入指挥的时候，他忽然感觉乐谱中有些地方不大对，刚开始的时候，他以为是演奏者的问题，但是，当再演奏的时候，他还是觉得有问题。在场的评委和权威人士都认为乐谱绝对没有问题，可能是小泽征尔产生了错觉。

面对大师们的观点，小泽征尔没有对自己的判断产生动摇，而是思考再三，仍然坚持自己的判断："肯定有问题！一定是乐谱错了！"

小泽征尔的喊声一落地，评委们就起立为他鼓起掌来，祝贺他大赛夺冠。原来这是评委们精心设下的圈套，前面的选手纷纷放弃了自己的判断，只有小泽征尔一而再、再而三地坚持，最后，他夺得了这场指挥比赛的冠军。

小泽征尔的成功就是他重视自己之后所展示的一种谋略，如果他没有坚信自己、没有沉稳应对，那么他就不可能力排众议、坚持己见。沉稳面对各种突发事件正是人生谋略的主旋律，如果你总是因为突发事件的产生而走音，那么你的人生将会出现各种各样的危急情况。

重视自己，就是为自己的生命加上厚度，如果你不去增加，那么你在未来的道路上就有可能会飘起来，而只有沉稳一些，重视自己一些，你的心才会沉淀下来，看待任何问题都不会过于主观，都不会被其影响，进而以静制动，问题也就自然会在你沉稳的心态中解决了。

岂能尽如人意，但求无愧我心。只要你去努力、去奋斗、去拼搏了，就算失败了，你依然是英雄。只要你真心付出过，你就不会留下遗憾。不要被客观问题左右，要学会直面问题，做问题的主人，这样你才能让自己的大谋略在重视自己的前提下淋漓尽致地展现出来。

承认失败，再谋未来

人生长路中，你会体会到成功的喜悦，也会体会到失败的迷茫。当失败发生时，你不要悲伤、不要哭泣，希望是不幸的忠实姐妹，失败只是给予你成功一个新的起点。任何事情都是暂时的，都是不断变化的。失败，不过是你走错了一步，或者摸到了一张臭牌，既然事情已经发生，无论怎样在乎，也是枉然。

承认失败，才能更好地谋划未来。失败既然来临，就让它与你同行一段。你一生中可以遇到很多人，有过客，也有一生的朋友，失败就像你生命中的过客，没有任何事情是一成不变的，你要以变化的观点来看待失败，失败总会过去，而成功的明天也终将会到来。

承认失败，是人生境界的一种体现。如果你总是刻意在乎失败，那么你的内心就会被失败的阴影所笼罩，如果长此下去，你只会被失败束缚住双脚，便再也没有前行的动力了。承认失败的事实，释然一些，你才能看到更加光明的未来。

东汉时期，孟敏云游，来到了太原。有一次，他挑着甑（甑：古代一种瓦制炊器），没想到一不小心，甑掉到地上碎了，可是，孟敏却头也不回地离开了。

郭泰看到了整个事件发生的过程，感到非常奇怪，就走过去问孟敏："你怎么不去检查一下甑的破损情况呢？"

孟敏笑了笑："既然甑已经坏了，就算我去看也是于事无补，还不如不去想这件事，继续往前走。"

人生旅途中，不管寒风冷雨是否会袭来，你都要保持坚定的信念，笑对人生，就像孟敏一样，承认失败，继续前进。

生活中，我们需要把负面事情看淡一些，只有看淡，你才能透过失败看到本质。未来很遥远，明天遥不可及，你能把握的只有现在，但是未来就是不停到来的现在，如果你不能调整好心态而随时迎接新的挑战，那么等到未来真正到来的时候，你将会在沮丧中度过一生。

印度著名诗人泰戈尔曾说："如果错过了月亮，你不要哭泣，也许下秒钟你将会错过流星。"人生的每时每刻都是机会，你不要深陷失败的泥沼中无法自拔，而是要学会尽快抽身而退，认清形势，调整好自己，准备迎接新的挑战。

本田是日本著名的企业家，其创立的本田公司在全球都享有良好的声誉。不过在创业之初，他只是一个身无分文的穷学生，当时他梦想设计一个活塞环，然后卖给一家公司。

为了实现这个目标，本田做出了很多努力，甚至变卖了妻子的陪嫁首饰，终于设计出了活塞环，并很有信心地认为该产品一定会被重用，不料遭到了拒绝。

这一次的失败令本田有些失落，可是他却并未因此放弃人生信念，他认为这家公司不买他的活塞环，是他的设计还不完美。于是，他又花费了两年的时间改造了自己设计的活塞环，他设计的活塞环终于被这家公司买了下来。

后来，本田的收入一点点增加，于是他决定自己建立活塞环工厂。想要建工厂，就需要大量的水泥，但时值"二战"期间，本田的建厂计划被日本政府否决了。

尽管没有得到政府的支持,但是本田依旧没有放弃,他想,既然政府不给自己拨水泥,那么就自己制造水泥。他召集了各方面的朋友一同研究,试图找出制造水泥的新方法。经过夜以继日地努力工作,他终于取得了成功,建立了自己的工厂。

从本田的创业过程我们可以看到,他的成功就在于每次失败之后重新发现新的希望。他还能在被他人的拒绝之后冷静地思考,从自己身上查找失败的原因。也就是说,他能把别人的拒绝和自己暂时的失败作为励志之石,不断地磨炼自己、不断地完善自己,从而使自己走出困境去取得人生的成功。

很多人在生活中不是不能成功,而是悲观地认为自己不能达到那个高度,但是等到成功的现实摆在眼前的时候,他们才会发现,原来他们达不到的目标其实却是近在咫尺。

生活中,你要学会坦然一些、看淡一些,不管是挫折还是失败,这些都是你生命中不可或缺的点缀。在古希腊帕尔索山的一块石碑上刻着这样一句箴言:"你要认识你自己。"卢梭称这一碑铭"比伦理学家们的一切巨著都更为重要、更为深奥"。认识自己、认清失败,你才会知道下一步将要迈向何方。

因此,不要为自己的失败而悲伤流泪或者是怨天尤人,每个人都是独一无二的,当你面对选择的时候,要学会透过表面去看待问题。失败是成功之母并不只是一句空谈,失败之后,你要明白怎么汲取失败的经验。承认失败是失败之后的第一步,只有学会放下失败,才能迎接更好的成功。

你要有这样一种精神、一种信仰:失败而不气馁,内疚而不失望,自责而不伤感,悔恨而不丧志。失败是一条错误的路,而成功就是失败之后走出来的新路。只有不断走出自己的新路,你才能发现人生的美好。

现实生活中的很多人都是赢得起,输不起,正因为此,他们才会沦为普通人，泯然众人矣。成功者之所以会成功，并不是因为他们没有失败过，而是因为他们信奉：人生最重要的不是成功了多少次，而是失败之后爬起来多少次。

中国古话常说："山不转，水转；水不转，人转。"挫折与失败并不可畏，重要的是你心态的调整。上帝在关上一扇门的同时，就会为你打开一扇窗。失败是成功的开始，不要在这个低潮中沉沦，否则你将永远看不到这个低潮给你带来的价值。

能放能收，人生的境界才能呈现

在中国武侠小说中形容武功时，常常会说，放之穹庐，收之太微。这就是说，武功要能放能收、能大能小，能够运用得圆润自如。

无论在生活还是工作中，我们也要如此，要学会灵活处世，名利并不是我们人生的单一目标，我们与其故步自封在名利的笼中，还不如让自己开阔视野，去追寻一些更有价值的东西。

能放能收，我们才能从井底之蛙的位置一跃而出，投身于广袤无垠的天空中。人生的境界需要阅历的沉淀，只有你的境界提升了，才会心如止水、宠辱皆忘。

人只有站得高才能看得远，看得远才能走得远。鼠目寸光、目不转睛地盯着名利，是永远都瞪不出所以然来的。所以，越是如此，就越需要你收敛名利心，把目光放得更长远，这样，你的人生境界才能体现出来，而只有这样，学会放下、学会沉淀，你才能在漫漫征途中一马平川。

一个年纪轻轻的男子事业初成，被所有人赞誉为"进取向上"。可他自己却感到生活越来越沉重，心脏的负荷越来越大。于是他便千里迢迢来见智者，寻求解脱之法。

智者给男子一个篓子,让他背在肩上,并指着一条沙砾路说:"沿着这条路走,每走一步就捡一块石头放进去,回来后告诉我有什么感觉。"

过了一会儿,男子走到了头,他对智者说:"我每走一步就觉得后背的分量又重了一点儿,这使得我不得不把腰又往下弯了一截,胸又往里含了一些,所以感到心脏越来越憋得慌。"

智者笑笑,对年轻男子说:"其实,你已经回答了你为什么感觉生活越来越沉重的原因。当我们来到这个世界上时,每个人都背着一个空篓子。随后,我们每走一步都要从生命的旅途中捡一样东西放进去,所以才有了越来越累的感觉。"

生活中,有太多比金钱更贵重的东西,如果你把金钱看得太重,就会变成金钱的奴隶。你对物质的要求越低,你的精神越自由。如果你在物质方面徘徊,只会沦为金钱的奴隶,最好的办法就是看淡物质生活,寻求精神上的满足,这种简单的生活才是你不断追求的目标。

王子涵是一个很简单的人,她从小就是一个好孩子,按照母亲安排的人生道路不断行走着。

为了证明自己的价值,高考填志愿的时候,王子涵毅然决然地选择了金融专业,在当时,大学各专业招生分数上,金融专业是最高的。在中国某大学待了一年之后,王子涵来到了美国,成为美国某大学经济系的一名学生,这所大学是美国一所非常著名的大学,但是王子涵并没有感觉到有什么不同,继续按照自己的人生轨迹前进着。

毕业之后,王子涵来到了全球最负盛名的投资银行摩根斯坦利,这可是一所要求严格的投资银行,即便是全世界最有才华的学生来到这里,想要通过面试官的层层面试也是非常困难的,但是王子涵却成功了,她说:"我认为我很聪明,并且有很好的适应能力,我想,这就是他们录用我的真正原因吧!"

在摩根斯坦利工作两年之后,王子涵说:"我认为,工作两年是一个坎儿,大家都会产生两种截然不同的心理,第一种就是继续读书,而第二种则是继续工作或者跳槽。我不同,我很想家,所以我就决定离开纽约,调到了香港分部。"

又过了两年,王子涵感到了厌烦,她觉得工作太累了,已经快要崩溃了,她不想再按照别人的看法去生活了,她想要做回自己,她要过简单幸福的生活,而不是像现在这样,每天都要为工作来回奔波。

接下来,王子涵打电话到美国总部,提出了辞职。美国总部那边再三挽留她,但是她却不为所动。老板劝说王子涵:"年轻人总会有迷茫的时候,我相信,等你冷静下来之后,一定会再回来的。"

王子涵非常坚定地说:"我绝不再回来。"

接下来的4个月,王子涵开始放松自己,等到她放松够了、精神恢复了之后,她决定开始找一份自己真正喜欢的工作。

2005年8月,王子涵在苏州找到了一份与摄影相关的工作。她觉得这才是她想要的工作,每天走走停停,拍下美好的东西,就这样,王子涵开始了简单而幸福的摄影师生活。

人生最快乐的事情是自然的活法,几十万元英镑和几千元人民币相比,无异于地球和乒乓球的差别,但是有很多东西却是金钱买不到的,比如身边美丽的风景、身边的知心朋友。最接近于人本性的东西才是我们应该不断追求的,虽然大自然中没有太多的物质享受,但却可以洗涤我们的心灵。

撇下繁重的工作,你可能会赚不到很多钱,但是你可以不用加班、不用熬夜,更不会用有刺激性的化妆品,但是你的皮肤却会变得很好。想要生活变得快乐,就应该展现出你的本性,不用太刻意要求自己,越是刻意要求自己,你就越会感觉到累。人生本来就是一个随性简单的过程,如果考虑得过于复杂,只会让自己作茧自缚,长此以往,你就会变得越来越疲倦。

你只有看淡金钱名利,才能获得崭新美好的生活。有人总是夜以继日地追名逐利,等到年华逝去,他们却一事无成,那么,这样的人生还有什么意义呢？淡然就好，恬静最佳，你是在为自己而活，你是自己的主导者。名利就是一个囚笼，当你身处其中之后，就会发现你只是在坐井观天。

人生不需要坐井观天，需要海阔凭鱼跃，天高任鸟飞。是鹰，就应该搏击长空；是鱼，就应该遨游海洋；是有境界的人，就应该活出真我的精彩。

持之以恒，铸就辉煌

现今社会，城市的发展越来越快，我们走在夜晚的路上，看见四下霓虹灯闪烁不停，就会陷入茫然的状态。但是万家灯火中必定有一盏灯是为我们而亮，那就是我们每一个人心中的梦想，因此，不要追求浮华的东西，不要轻易向现实妥协而迷失在名利之间。而应该专心致志、一心一意，忠诚于自己最初的梦想。

在时代洪流中，有些人总是迷路，然后半途而废。其实，成功是件很简单的事情，只要你坚持做，哪怕一辈子只做一件事情，只要专心致志，肯定会有达成的一天。反之，朝秦暮楚、见异思迁，终究会被淘汰。

歌德曾说："只有两条路可以通往远大的目标：力量与坚韧。力量只属于少数得天独厚的人；但是苦修的坚韧却艰涩而持续，能为最微小的我们所用，且很少不能达成它的目标。"就像下面故事中这个耗时20年培育出白色金盏花的老妇人，因为她有源源不断的心血，再难培植的种子也会如愿地发芽、开花。

美国一个园艺所贴出了征求纯白金盏花的启事，高额的奖金让许多人趋之若鹜。但是，20年过去了，因为培植的难度，没有一个人培植出白色的金盏花。

一天,园艺所意外地收到一封热情的应征信和一粒纯白金盏花的种子。寄种子的是一位年逾古稀的老妇人,她是一个地地道道的爱花人,20年前,当她看到启事的时候便怦然心动,于是她撒下了一些最普通的种子,精心侍弄。

一年之后,金盏花开了,她从那些金色的、棕色的花中挑选了一朵颜色最淡的任其自然枯萎,以取得最好的种子。

次年,她又把它们种下去,然后再从这些花中挑选出颜色更淡的花的种子栽种。日复一日、年复一年,春种秋收,周而复始,老人的丈夫去世了,儿女远走了,生活中发生了很多事,但唯有种出白色金盏花的愿望在她的心中根深蒂固。

终于,在20年后的一天,她在那片花园中看到一朵金盏花,它不是近乎白色,也并非类似白色,而是如银如雪的白。于是,一个连专家都解决不了的问题在一个不懂遗传学的老人长期的努力下,最终迎刃而解。

曾经那么普通的一粒种子,也许谁的手都曾捧过,却因为少了一份以心为圃、以血为泉的培植与浇灌,才使得它的生命错过了一次最美丽的花期。坚持是一种耐心,是一种矢志不渝的追求,坚持能使一粒即使最普通的种子种在心里,也能开出奇迹的花朵。

愚公锄锸移山,终得天帝相助;达摩静坐参禅,石壁为之感化……这样的结果虽是不可企求的,但毕竟是坚持者才会得到的礼遇。

历史如大浪淘沙,恒河沙数,最终留下来,依靠的就是坚持,是坚持,让刘禹锡历经"二十三年弃置身"的悲苦后,终修炼成"出淤泥而不染"的清莲;是坚持,让苏子瞻身陷"乌台诗案"而坚持写出"老夫聊发少年狂";是坚持,让柳永全然不顾衣带渐宽而流下了千古佳话。曹雪芹举家食粥却坚持写下了不朽的《红楼梦》;欧阳修年幼丧父而笃学成才;匡衡家境贫寒而坚持凿壁借光,终成大学……圣贤们用亲身经历向我们诉说了一个真理:坚持是通向成功必不可少的条件。

想要成功,就要耐得住寂寞,就应该静下心来,努力学习,踏实去做,这样,你才能够离成功越来越近。浮躁是坚持的大敌,当你认为自己什么都会的时候,其实是你什么都不会的时候。认清自己、不断坚持,成功才会在下一秒钟出现。

战国时期,赵襄王非常喜欢骑马驾车,于是就向骑马大师王子期学习骑马的秘诀,王子期倾囊相授。

但是时间不长,赵襄王就把王子期叫了过来,要和他比赛,以证明自己非常聪明,已经能够青出于蓝而胜于蓝了。但事与愿违,3场骑马比赛结束之后,赵襄王全部落败。

对此,赵襄王自然非常生气:"看来你传授我骑马的知识和技巧并没有倾尽全力,还有所保留啊!"

王子期说:"我把我所有的本事都传授给您了,骑马驾车最主要的就是把马套放在车辕里,这样才能和马保持协调,从而提升速度,取得比赛的胜利。但是您学而不精,没学几天就想要胜过我,而且精力根本没有专注于骑马驾车的技术上,不重视调整马与车的协调,而是太在乎输赢,您怎么可能胜得了我呢?"

赵襄王听了王子期的话之后不禁感到自惭形秽,从此开始专心致志地学习骑马驾车,不再执着于输赢了。终有一天,王子期拱手说道:"您现在的水平已经远远超过我了。"

专攻学业必结硕果,若从事重要的事务,则必得美名。赵襄王刚开始学习骑马驾车的目的不是为了掌握技术,只是单纯地想要和王子期一争高下。但听过王子期的忠言之后,他专心致志地学习,不再考虑输赢之争,最后不仅赢了王子期,更让自己的技术日趋娴熟。

由此可见,如果不专心于学习本身,而一味地考虑知识以外的因素,最终肯定会被这种功利的目的性损害。赵襄王自以为将骑马驾车的技术学精了,便三心二意起来。其实他只学了皮毛,又怎么能不导致失败的结局呢?其实做任何事情都是如此,只有抛弃了杂念,专心致志且持久地学习,才能充分发挥自己的才能,从而达到良好的效果。

　　宝剑锋从磨砺出,梅花香自苦寒来,没有什么事是一蹴而就的。只要专心致志地去做一件事,不分散心思,成功终究会属于你。坚持不懈、持之以恒才能铸就辉煌。想要取得成功,就要肯下工夫,这样风雨过后,你才能够跨越彩虹。

"谋"在变化

——出奇兵，才能制奇胜

> 风云变化的世界需要灵活变通的人，只有出奇兵，才能制奇胜。
>
> 没有一成不变的道路，也没有一成不变的人生，学会变化、学会灵活变通，你才能料敌于先，才能攻无不克、战无不胜，才能取得最后的成功。

用创新思维助己发展

21世纪是一个人才辈出的时代，创造性思维越来越趋向于多元化，需要用各种各样创意性的思维来解决问题。创造力是每个人都应该拥有的思维能力，这就要求你突破桎梏，从而展现出自己的创新能力，这样才能通过自己的思维体现出只属于你自己的特色。

提出一个问题往往比解决一个问题更重要，而提出问题就是在锻炼你的创造性思维，让你在不断实践中积累经验，让自己更加强大，从而立于不败之地。人类社会的发展就是一部创新的历史，就是一部实践创造性思维、发挥创新性能力的历史。

现今社会，我们最需要的就是创新，如果我们不去创新，总是因循守旧的话，那么我们的思想就会僵化，而一切问题也会变得越来越复杂。在创新中寻求突破，我们才能找到解决问题的最好方法。1000个人眼中有1000个哈姆雷特，只有用你的创新思维去解决问题，一切问题才会变得简单。

有一次，一艘远洋的海轮遭遇了大风浪，不幸在大海中触礁沉没，船上的成员只有9个人幸存了下来，他们爬上了一座孤岛。

9个人把这座孤岛走了一遍，发现这座岛上只有石头，没有其他任何可以用来充饥的食物。不仅如此，岛上天气炎热，这9个人口干舌燥，但是可以饮用的只有海水。身为海员的他们知道，海水又咸又涩，根本不能用来解渴。于是，9个人开始等待，希望奇迹能够出现，有船只经过此岛，帮助他们脱离苦海。

但是等了好久，都没见有人来，8个人相继死亡，最后的一位船员在快要渴死的时候实在忍耐不住，就跳进了海里，拼命喝起了海水。这名船员喝完海水之后发现，海水不仅没有咸涩的味道，反而非常甘甜。

就这样，这名船员开始喝海水度日，没过几天就等来了救援的船只。

后来，科学家来到这里，取了一些这里的海水进行化验，化验结果显示，这些海水根本不是海水，而是泉水。原来，这里的地上不断有地下泉水涌出，而正是这些泉水救活了最后一名船员。

现实生活中也会存在类似的事情，过于拘谨、墨守成规，就会拘泥于固有的看法，而没有通过自己的观察去分析，有时反而会和机会失之交臂。每个人都有自己的思维定式，比如看到红灯就会停、看到苍蝇就会厌恶……习惯成自然，但是有的时候，这是过分拘谨的一种体现，这样的人往往是一条道走到黑，不愿意变通，最后的结果只能是被别人所遗忘。

懂得创新的人，必然是不满足现状的人。很多人不满足现状，但是他们却不去改变，总是跟着别人的老路走，长此下去，社会就会失去创新思维的刺激，就会停滞不前。

具有创新思维的人，思考得必然很多，他们知道自己未来的发展方向在哪儿，并且懂得调用一切力量去促使目标达成。如果你只是按照思维定式去办事，那么等待你的将会是一生碌碌无为的命运。比如大象，如果把它放到无边的旷野中，它就会成长为强有力的"大力士"，能用鼻子钩起一吨重的物品；但如果从小把它放到马戏团里，大象却可以被拴在小小的木桩上，安安静静地站着，原因就是大象从小就被锁链锁住拴在木桩上，就算长大了，铁链换成了绳子，出于思维定式的考虑，大象也不会再去挣扎分毫。社会每天都在发展变化，如果我们不跟随社会的发展而变通的话，就会让自己不断倒退，被社会所淘汰。

三国时期，刘备刚刚占领荆州，周瑜就非常不甘心，每天都在谋划着怎么样把荆州从刘备手中抢回来。后来，周瑜苦思冥想，终得一计：刘备早年丧妻，他以孙权妹妹孙尚香为诱饵，骗得刘备来到吴国，然后再把其囚禁起来，以此来要挟蜀国，让他们拿荆州来交换。

刘备知道是计，就不敢渡江去吴国。而诸葛亮的态度却恰好相反，他知道周瑜在用计，但他心里却早有一番别的想法，决定将计就计，让刘备既抱得美人归，又能保住荆州。

于是，刘备和赵云率领500多名兵士渡江入吴。临行前，诸葛亮给了赵云3个锦囊。

刘备一行人刚刚来到东吴，赵云就拆开了第一个锦囊。随后，赵云按照锦囊中的妙计而行，命令手下的500多名士兵披红挂彩，准备好各种结婚的礼品，在东吴各地宣传刘备和孙尚香和亲的消息，弄得东吴上下人人尽知。

不仅如此，诸葛亮还让刘备去拜访大乔、小乔的父亲乔国老。乔国老得知此事之后就去孙权的母亲吴国太那里道贺。吴国太听闻此事后非常惊讶，就派人去问孙权。得到孙权的确认之后，吴国太捶胸顿足、掩面而泣。

孙权见事情败露，就去拜见母亲，和吴国太说："许婚是周瑜的计策，只是想用这条计策把刘备带到东吴来，以此来威胁蜀国、讨要荆州。如果刘备不答应，就杀了他。"

吴国太听后非常生气，大骂周瑜，说他取不到荆州，竟然打起自己女儿的主意，而且竟然还想杀死刘备，这是何其愚蠢的想法：如果刘备死了，女儿不是就守了活寡？在这之后，吴国太就派人约见刘备，如果吴国太满意，就把女儿嫁给他；不中意，就随便周瑜怎么办。约见之后，没想到吴国太非常满意，当即就许了这门婚事。

吴国太满意了，但是孙权却犯了难，眼看就要把假戏做成真的了。于是，他马上向周瑜问计，周瑜当即之下又想出了一个计策，派很多美女服侍刘备，而且招待他最好的酒宴，还把刘备和蜀国大将强行分开，想用声色犬马来扰乱刘备的心智。刘备也果然享受了这种待遇，再不提回蜀国的事了。

赵云无奈之下，只好打开了诸葛亮的第二个锦囊。接下来赵云马不停蹄地向刘备进谏："主公，刚才军师来报，曹操率领50万大军袭取荆州，请主公速速赶回。"

建安十五年的正月，刘备和孙尚香决定回荆州。但是孙权得知消息后，就派人追赶，刘备的军马不久就被追上了，被周瑜的军队团团围住。于是，赵云打开了第3个锦囊，然后让孙尚香出马喝退吴军，没想到收到奇效，最终化险为夷。众人登上了早已准备好的船只，平安回到了蜀国。

做事要敢于创新，方法灵活，千万不可以墨守成规。诸葛亮的成功就在于他敢于创新，有自己独到的见解。如果他按照刘备的想法去做，回绝了吴国的要求，那么只会让对方变本加厉地征讨荆州。与其如此，不如将计就计，顺了周瑜的意，然后再一步一步按照自己的计策行事，让周瑜赔了夫人又折兵，最后竹篮打水一场空。

一个人能够出奇制胜地提出新奇的想法，不但可以帮助他走向成功，而且更多的时候能够把自己的思维提升到一定高度或是转换一个角度，真的是一种智慧的体现。因为想要出奇制胜，就应该具有创新思维，不拘泥于方圆之地，要敢于想别人所不敢想，做别人所不敢做，这样才能更好地激发出你的创造性思维，才能让你在现代社会中立于不败之地。

创新是一个民族进步的灵魂，是国家兴旺发达的不竭动力。在迎接未来的科学技术挑战中，最重要的就是坚持创新、勇于创新。

在现今生活中，我们更需要创新，因循守旧只会束缚住我们的思维。只有敢于登上巨人的肩膀发表自己的言论、突破桎梏，才能让自己不断进步。

灵活机变，做环境的主人

识时务者为俊杰，通机变者为英豪。想要做环境的主人，就要灵活机变，如果你做不到灵活机变，就会让所有问题都强加己身，等到以后再想把问题解决就变得十分艰难了。你要知道，通往成功的道路不只一条，你不应该在一棵树上吊死。学会变通，才能不受外界因素的束缚，发挥主观能动性，从而快速有效地解决问题。

世事变幻莫测，常法行不通的时候就应该学会随机应变。遇到问题不应该拘泥于教条，要学会随机应变。当发生突发情况时，要学会具体问题具体分析，运用自己的聪明才智把问题解决掉。如果不懂变通，只是一味地走别人的老路，那么问题不但得不到解决，反而有可能会更加复杂。生活不是单调的，情况总是在千变万化中运动着。为人处世亦如此，懂得方圆之道才能解决棘手的问题。

清朝乾隆年间，内外稳定、君臣一心，呈现出一片国泰民安之景。一次闲来无事，乾隆皇帝便问刘墉一个问题："北京城说大不大，说小不小。那么，你说京城共有多少人？"乾隆本想刁难刘墉，让他出点儿丑。

没想到刘墉脱口而出："只有两人。"乾隆感到非常奇怪，就问为什么。

刘墉解释说："北京城人再怎么多，也只有两种人，男人和女人。如此说来，整个北京城不就只有两个人吗？"

乾隆见没有难倒刘墉，于是又问他："今年北京城里有几人出生、几人去世？"

刘墉回答："只有一人出生，却有12人去世。"乾隆还没有问为什么，刘墉就解释说，"今年出生的人再多，也只有一个属相；今年死去的人再多，也只有12种属相。"乾隆听完哈哈大笑，对刘墉大加赞赏。就这样，刘墉靠自己的随机应变回答了本来无从应答的问题。

乾隆提出的问题本来就是难题，回答不好就会犯了欺君之罪。可是刘墉却深谙变通之道，灵活地让自己的思维转了一个弯，不仅回答了问题，而且还幽默十足。有些问题看似无解，但我们却可以变换一个思维方式去解决。

工作与生活中，我们需要新鲜思维的不断刺激，而做环境的主人正是创新能力的重要体现。我们要看到生活中的闪光点，把它们存储在我们的大脑中，等到需要它们的时候，我们再把它们拿出来使用，这样，你才能够成为环境真正的主人。成功其实并不遥远，只要你善于在生活中发现，成功就会源源不断地到来。

人的一生不是一个单调的旅程，我们更不要把自己和别人画上等号。别人做的事情不一定能成功，就算成功了也不一定适合你。每个人的未来是由每个人自己把握的，你要做的就是不要总是走别人的老路，这样很容易让你重复别人的故事。

成功的实现在于坚持，而选对成功的道路则在于独具慧眼，只有选对成功的道路，你的吸引力才会积极地影响到自己。人生在于把握，成功在于发现，只要你在正确的人生轨迹上努力奋斗，就必然会走出一条不平凡的道路。

在实际处理问题时，我们总是习惯性地按照常规思维去思考。但如果能像一些成功人士那样学会灵活变通，那么就在你走投无路的时候，往往就会发现"柳暗花明又一村"。

应变的最终目的是使自己永远处于主动地位，驾驭事态的发展，以实现既定目标。从这个意义上看来，我们甚至可以说，智者便是能够随机应变的人。

善于见机行事、灵活变通，是一个人在日常交际中人情操纵水平的重要表现。随机应变就是把复杂的事情简单化，从而把事情更好地解决掉。如果在问题面前不通事理、不懂变化，只会让自己钻进牛角尖，走进死胡同。

无论是灵活变通也好，还是弹性处理也罢，和滑头与毫无原则是截然不同的。分明已经改了道，此路不通，却还要偏偏按照旧时的方法把车开过去，这不是坚持原则，而是蛮干。正所谓因时制宜，在某种特定的环境内配合需求，设计出最好的可行方案，这才是智者应该有的变通和弹性之道。

反客为主，主动行事解危难

反客为主，就是变被动为主动，一件事情，如果我们总是被动去做，就会沦为奴隶，就算想把事情解决也是不可能尽善尽美的；如果我们主动去做，就能反客为主，就能把解决问题的主动权牢牢握在自己手中。

其实，问题之所以出现，就是为了让人们去解决，当我们竭尽所能把问题解决掉，这样我们才会记忆深刻。就像很多人玩游戏一样，只有主动去打怪兽，我们的经验值才会提升，等级也才会提升。同样地，工作与生活中，如果我们积极主动地去解决问题，那么问题就会成为我们的经验值，就会让我们在今后发展的道路上不畏艰难，发挥自己的主观能动性，把问题行之有效地解决掉。

在美国哈佛大学商学院，院方为每一届的毕业学生都设立了一个"天才销售奖"，但是多年以来，这个代表最高荣誉的奖项却无人能问鼎。因为要想获得这个荣誉，就必须要将一把旧式斧头卖给当今的美国总统。这就是说，要把总统先生变成自己的客户。

大多数学生在遇到这个难题的时候就选择了放弃，他们认为这根本就是一件不可能做到的事情。

但是有一位学生认为自己能够完成这个题目。经过精心策划，他向当时的美国总统写了一封信："尊敬的布什总统，首先祝贺您当选美国新一任总统。我非常爱戴您,同时也很热爱您的家乡。我还曾经去过您的家乡,参观过您的庄园,那里的美景给我留下了毕生难忘的美好回忆。但是我发现在您庄园里,一些树上有很多枯树枝,所以我建议您把这些枯树枝砍掉,不要让它们影响庄园里美丽的风景。正好我现在有一把祖传的斧头,这把斧头非常适合您使用,而我只收您15美金,希望它能帮助您。"结果布什在看到这封信之后,果然买下了那把斧头。

这位同学之所以能够完成不可能完成的任务,就在于他相信所有的人都可能成为自己的客户。其实在销售中,这种反客为主的观念比能力更重要。这是因为,在现如今激烈的竞争环境中和物质极度丰富的条件下,所谓的刚性需求已经逐渐被淡化,所以就没有了生意人心目中所希望的"100%客户"。

反客为主、主动行事,你才能牢牢掌握主动权。想要成功,就必须主动出击,如果你总是被动去等待,成功就会随着时间的流逝而消逝。在通往成功的路上,问题总是接踵而至,如果你失去直面问题的勇气,不断到来的问题就会压垮你,你也将会因为问题的频繁出现而崩溃。

在面对突发情况时,临危不惧、处变不惊是一种人生态度,这种对大灾大难表现出的乐观精神的确值得敬仰。但另一方面,在实际生活中为人处世时,却应该表现得更加灵活一些,根据所处的环境来不断改变自己,这样才能更好地去适应环境。通权达变,就是要根据客观环境而改变,反客为主,化被动为主动,从而战胜对手。了解上下具体情况,因时因地灵活处理。做到了这两点,才可算得上真正懂得善"变"之道。

公元前627年,晋国的晋文公和郑国的郑文公相继去世了。当时,秦国派来3位将军率领大批军马替郑国守城。这时守城将军偷偷地回到秦国,和秦穆公商量,希望能够里应外合,一举拿下郑国。

虽然秦国的两名有经验的老臣蹇叔和百里奚坚决反对,但是秦穆公还是派孟明视、西乞术、白乙丙3名大将和众多兵士偷偷地去攻打郑国了。而蹇叔的儿子也在队伍之列,蹇叔就哭着对儿子说:"你这次出发就再也回不来了，我真为你伤心啊！"秦穆公认为蹇叔在扰乱军心，就把他推到一边，随即下令军队向郑国进发。

3位将军率领大军一路向东前进，来到了秦国与郑国交界处的滑国（今河南省偃师县东南）。这时，突然有人拦住了去路，并且大声说道："郑国使臣弦高求见秦国将军！"

孟明视听后非常吃惊，怎么会有郑国使者知道我要来？于是马上叫人把弦高请进来，问他来做什么。

其实，弦高并不是郑国的使者，只是一名普通的贩牛的郑国商人。他在去洛阳做生意的路上听说秦国要率兵来攻打郑国。他知道现在郑国国内由于郑文公刚刚去世，肯定疏于防范，如果任由秦兵来袭，郑国必定不保，于是他急中生智，一方面通知传递公文的驿站，让他们回国报信，另一方面，他自己却先带着4张牛皮和12头肥牛，迎着秦军进攻的方向而去，想要阻止秦国的这场攻击战争。

孟明视见到弦高非常惊讶，就问他来这里干什么，弦高不紧不慢地说："我们大王听说秦国大将率兵到郑国来，舟车劳顿，肯定非常辛苦，就派我当先锋，带了牛皮和肥牛来慰问你们，算是郑国对秦国将士的一点儿心意。"

孟明视听说郑国已经得到了消息，更加吃惊了。他收下了物品，并且谎称自己是来帮助郑国抵挡晋国进攻的。弦高又说："郑国夹在秦、晋两国中间，为了能保全自己，日夜操练。要是谁敢来侵犯，我们绝对不会给他好果子吃的。"

孟明视心中暗自权衡，遂而改口说道："我们这次是来攻打滑国的，郑国和我们关系这么好，我们肯定不会来攻打郑国的。"孟明视又说了几句客气话后，就把弦高送走了。

无奈之下，孟明视只好下令攻打滑国。西乞术、白乙丙两员大将不明白他为什么这么做，孟明视解释说："咱们千里迢迢来到这里就是为了偷袭郑国，现在郑国得知了消息，他们是以逸待劳，我们却是舟车劳顿。相比之下，如果我们再去攻打郑国，肯定会大败而回。但是我们现在寸功未立又不能空手而归,只有把滑国灭了才好向大王交差。"之后,秦军一举灭掉了滑国。

这边,郑穆公接到了弦高的报告,就对守城的秦军下了逐客令。最后,郑国在弦高的随机应变下避免了一场危难。

弦高急中生智、反客为主,先下手为强,骗过了敌人,使郑国改变了被动挨打的局面。他不仅有头脑,而且敢于去做。当他得知秦军大举来犯的时候,并没有袖手旁观,而是反客为主,装作已经识破了秦军的计谋,变被动为主动,打了对方一个措手不及。这次举动不仅保全了郑国,更给予了秦国一种威慑力,让他们不敢再次来犯。虽然弦高只是一个贩牛商人,却能够观其机变,顺势而动,称得上是一位智谋之士。

机智灵活、随机应变是做任何事情都不可缺少的能力。一个呆头呆脑、因循守旧的人,想干成一番事业是极其困难的。所以,让自己变得灵活是成就大事必不可少的要素。

综观古代战争兵法,最精髓的就是因势而变。在现实生活中则更应如此,要根据外在形势的改变而不断变化策略,才能让自己掌握生活的主动权。如果跟不上形势的脚步,只会置自己于万丈深渊,更不要谈进步发展了。

随机应变能让自己掌握事情的主动权,反客为主,能够遇水搭桥、逢山开路,这才是随机应变的精髓所在,更是我们应该不断学习的方圆之道。生活中,我们要善于改变。我们必须知道,社会不会因为我们不改变而停滞不前,我们要做的就是跟随时代的脚步,不断改变自己来适应时代的发展,从而让自己离成功更近一步。

劣势之势，正是转机之时

人生总是在得与失、成功与失败之间徘徊不前，但是我们要知道，任何两个处在对立两端的事情就像是跷跷板的两端，一端沉到底，另一端则升到顶，这就说明，劣势之势正是转机之时。

每个人都有走错路、走夜路的时候，如果你在这时心灰意冷，就说明你的梦想太过脆弱，遇到一点点挫折就失去信心，这明显是懦夫的行为。有梦想的人，从来都不惧怕黑暗，更不会惧怕阴影，因为他们知道，黑暗之后是破晓，阴影背后是阳光。

低处对于我们来说是一个新的起点，小事则是我们成就大事的关键。不要因为是低处、是劣势就心灰意冷，要学会面对现实，努力寻求转机。

从古人的成败得失中我们可以看出：任何成功的人都是由低处做起，从小事着手。为完成"高就"，就得把重心放低，天天有进步，月月有提升，年年有改变，人生才能有所突破。看看下面这个故事中的年轻人是怎样一步步走向成功的。

美国著名作家马克·吐温曾接到一封刚从学校毕业的年轻人的信，信中说："我刚刚走出校门，想到美国西部当一名新闻记者，无奈人地生疏，不知马克·吐温先生能否帮忙，替我推荐一份工作？"

马克·吐温回信为这个年轻人提出了求职设计的"三步骤"："第一步，向报社提出不需要薪水，只是想找到一份工作锻炼自己；第二步，到任后努力去干，默默地做出成绩，然后再提出自己的要求；第三步，一旦成为有经验的业内人士，自然会有更好的职位等着你。"

于是，年轻人认真地按照马克·吐温的"三步骤"去做，结果在职场上不仅得到了"一席之地"，而且还获得了他心仪的"好职位"。

起初，不计报酬薪水，可以说是最大程度的"低就"了，但同时，由此获得一个锻炼自己的工作平台，既可以从中获得经验与资历，又可以借此展现自己的能力和才华。

因此，对于现在刚刚走入社会的毕业生而言，不要漠视和放弃初始的"低就"。倘若不踏上这个锻炼自己的起点，有岗不上、有业不就、蹉跎岁月，"高成"永远只是可望而不可即的空中楼阁。

相较之下，人生的每一步路都是如此，在一条路上不断地走下去，就会有山穷水尽、无路可走的错觉。其实，只要你转个弯，或是试着往旁边跨几步，就会发现原来旁边也是路，而且是无数条全新的路，也就是说，在漫漫人生路上，你要懂得变幻，不走寻常路，才能在未开发的领域里发现机会，从而抢占先机，到达别人无法企及的高度。

不断改变自己、不断强化自己，我们才能让自己变得更加强大，当所有疑难问题强加己身的时候，我们才能找到转换的实际，才能够改变自己，找到解决问题的方式方法，这样，我们才会因为处在低位而不被高位的人一下看透。

秦朝末期，天下义军纷纷揭竿而起，项羽和刘邦正是其中的佼佼者。他们经过长期的征战，已经到了雄踞一方的地步。项羽表面上是和各路人马瓜分土地，实际上心中一直在盘算出路、制订计策，准备逐一消灭各路诸侯，从而完成称雄天下的大业。

项羽的军队兵强马壮，对其他将领都不放在心上，独独顾忌刘邦。他认为刘邦才是跟他争夺天下的最大敌人。当时，项羽和刘邦约定，谁先攻下秦国的都城咸阳（今陕西西安附近），谁就可以在汉中称王。关中即今陕西一带，是秦国的本土。由于秦国的大力经营，关中不但物产丰富，而且军事工程也有强国的基础。可以说，谁先取得了关中一带，谁就拥有了夺取天下最有利的资本。

项羽自然不愿意让刘邦在汉中称王，也不愿意让他回到家乡称霸。为了进一步削弱刘邦的实力，以达成自己独霸天下的目的，项羽就把巴、蜀和汉中3个郡县划分给了刘邦。刘邦只能把汉中的南郑设立为都城，自封为汉王。为了打压刘邦，项羽还把首府和刘邦之间的封地又划分成了3块，分别给了被自己打败的各路将领。其中有一块叫"陈仓"的封地以此阻碍刘邦向东面扩张的道路。

刘邦自封汉王之后，项羽又自封为西楚霸王，封地九郡，占据了非常有利的地理优势，并且设立彭城（今江苏徐州）为都城。

于是，所有的将领，包括刘邦在内，对项羽的安排都非常不满，但是刘邦深知自己的实力尚且不济，只得暂且隐忍。无可奈何之下，刘邦就率领自己的军队去了南郑。

当刘邦决定离开首府的时候，谋士张良献计说："从关中到汉中、巴蜀都要经过一条栈道，如果我们把沿途几百里的栈道全部烧毁，这样就可以迷惑住项羽，让他以为主公只是闭关自守，没有称雄天下的野心了。如此一来，项羽就会放松对主公的警惕，我们就可以更好地采取进一步的行动了。"刘邦当即听从了张良的建议，把沿途的栈道全都烧毁了。

实际上，刘邦刚到南郑就严明军纪、苦练兵士。等到一段时间之后，刘邦就和手下将领们商量如何夺取汉中、迈出称霸天下的第一步。

经过讨论，刘邦决定先派几百名兵士去修复被自己烧毁的栈道。驻守汉中的将士章邯听到这个消息后就嘲笑他们："你们真是自作自受啊！自断后路之后还来亡羊补牢，这项工程到猴年马月也完成不了啊！"章邯只是一笑置之，对刘邦的做法并没有多加理会。

没过多久，章邯就接到紧急报告，说刘邦已经从陈仓进发，杀了当地的将领。刚开始章邯还不相信，等到真相摆在他面前的时候，却为时已晚，章邯只得选择自杀。这时，驻守在关中的将领纷纷缴械投降，刘邦以迅雷不及掩耳之势迅速占领了关中地区。

刘邦的成功就在于他懂得变通，及时改变了自己的行事作风，不按照套路出牌，明里一套，暗地里又一套。刘邦一下子打了项羽一个猝不及防，最后占领了汉中。经过不断征战，刘邦最终战胜了项羽，统一了中国，建立了汉朝。

　　捕杀按直线飞行的鸟儿容易,而捕杀变换飞行路线的鸟儿却很难。棋艺高明者绝不走正中敌手下怀的棋子,更不会让敌手牵着自己的鼻子下棋。不断改变自己的作战方式,才能时刻保持不败之地。懂得变化,才会在处于劣势的时候找到让自己变得强大的方法。

"谋"在执行
——成竹于胸，就要贯彻到底

> 古之成大事者，不但有超世之才，亦有坚韧不拔之志。综览先贤，我们可以发现，成功者不是有天赋，就是能够坚持。想要取得成功，就要耐得住寂寞，就要懂得坚持，谋虑就在于长远的坚持，在于对自己有信心。
>
> 有信心才能把一切贯彻到底，才能让成功如期而至。人生最大的谋虑在于坚持，只要你不放弃，去坚持，成功就会向你绽放出最灿烂的笑脸。

人生当立志，无志难成事

人们常说："有志不在年高，无志空活百岁。"可见志向在中国人心中的分量。人生最快乐的事莫过于为梦想而奋斗，而奋斗就是我们实现人生价值的开始。没有目标的人生，就像没头苍蝇一般，根本不知道自己未来的路在何方；深谋远虑的人都有自己的人生目标，他们知道自己将来需要什么，正因为这样，他们才会坚定自己选择的道路而一直走下去。

人生最大的快乐就是你一直在路上，在奋斗的路上，而且从不停歇。有人说梦想就像香醇甘洌的酒，就算巷子再深，酒香也能飘出来，送到你的身旁。无论你有再多的想法，如果不去付诸实践，你的想法终究会成为空想。很多人总是感叹，总是认为自己错过了很多东西，殊不知，这些都是因为他们的目标不明确,白白地让光明的未来从身边溜走了,就算发出再多的感慨,也只能是徒唤奈何而已。

人生在于奋斗,而不在于静止,如果你每天只是空口说白话,没做多少工作,却想要很多报酬,这样的结果只能让你失去奋斗的动力,取而代之的则是惰性心理。

很多事,说起来容易,做起来难,所以很多人选择了放弃,当初的目标也就被抛诸脑后了。其实,青春是短暂的、易逝的,如果你没有在年轻的时候闯出一番事业,等到你青春老去、两鬓斑白的时候,就只能老大徒伤悲了。

确定志向,坚持你的坚持,当壮志得酬的一刹那,你才能够体会到奋斗过后的喜悦。如果你有志向,知道自己要去哪里,那么,全世界都会为你让路。综览中国古代的成功人士,他们的成功全都得益于年轻时树立的大志向,并且随着年龄的渐长而能够不断坚持,正因为这样,成功才会在他们的坚持下不断散发光芒。

宋朝大文学家范仲淹年幼的时候家里十分贫困,根本没有余钱去上学。但是范仲淹不甘于平庸世俗,便决定跑到寺院的僧房里去读书学习。

在僧房学习的时候,范仲淹经常把自己关在屋里,废寝忘食地读书,每天都是彻夜不眠,就是为了能学到更多的知识。

范仲淹的衣食起居非常简陋,他每天晚上都用糙米熬出一碗饭,到了早上饭凝固了,范仲淹就拿刀把饭切割成4块,早上吃两块,晚上吃两块。即使生活如此艰苦,却依然没有磨灭范仲淹的志向,他还是一如往常地努力读书。

范仲淹的一个同学听说他窘迫的生活现状后,就把这件事告诉了自己的父亲。同学的家人非常同情,就让儿子给范仲淹带去一些鱼肉,以使他能更好地读书。

但是范仲淹却坚定地说:"我不要,吃简陋的饭更能磨炼我的意志。无功不受禄,你还是拿回去吧!"

那位同学以为范仲淹是因为不好意思才没有接受，于是就把鱼肉放下了。

过了几天，那名同学又来看望范仲淹。看到他前几天送给范仲淹的鱼肉丝毫没动，而且已经变质发霉了，于是非常生气地说："我好心给你东西吃，你还不领情。现在东西都变坏了，这不是浪费粮食吗？"

范仲淹解释说："并不是我想让这些东西坏掉，只是我过惯了艰苦的生活。如果我吃了这些美味佳肴，等到以后我再过回艰苦的日子就不习惯了，我感谢你和你父亲的一番好意！"

回到家中，那名同学把范仲淹的话对父亲说了，范仲淹得到了大加称赞："范仲淹真是一个有志气的好孩子，今后一定会大有作为！"

果然，经过刻苦地学习，范仲淹成为我国古代著名的文学家和政治家，其人穷志坚的故事也流传至今。

范仲淹的成功就在于他早早就树立了志向，并且执着于梦想，不因任何困难而改变。范仲淹认为，艰苦可以磨炼他的意志，经过这样的磨炼，范仲淹能在实现梦想的道路上走得更远。范仲淹知道，成功道路上的糖衣炮弹理应舍弃，因为这些东西会让自己产生惰性。奋斗铺就成功路，范仲淹正是依靠自己的坚定志向从而走向了成功。

如果你没有树立志向，不知道成功在哪里，就应该扪心自问一下自己当初为什么要出发。实际上，你是为了实现最初的梦想而走向成功。如果你半途而废了，那么之前所有的努力和奋斗的价值就永远也不会被发现了。

志向是人生的启明星，它会在你身处黑暗的时候散发出耀眼的光芒，指引你前进。成功需要指引，更需要坚持。在奋斗的路上要不以物喜，不以己悲，这样你的脚步才能迈得坚实，道路才能铺得长远。

杂而不精,不如专一而精

杂而不精和择一而专哪个更好？也许有人会说杂而不精更好,因为这样的人懂得得更全面；或者有人说两者都没有最好,而只有更好。但是事实上是择一而专更好。

人生的目标不在于多少,而在于是否专一。有些人的目标繁杂不均,不知道该从何下手,虽然目标很多,但是却要身体力行,能够达成的却是寥寥无几。如果你是这样的人,那么不管过了多久,等到你回过头再去看的时候就会发现,其实,你一直在路上,一直在路的起点,永远都是在岔路口上徘徊,不知道自己该走哪条路。

很多人会问,世上的路有千千万万,哪一条才是属于自己的康庄大道呢？你要知道,真正适合自己的才是最好的,只有适合你的工作,你才会喜欢去做,并且会获得成功,能够吸引到你的就是最好的。我们每个人的一生会走无数条路,但是,能够让我们记忆深刻的道路就只有几条,选择这些道路,有的会使我们获取成功,有的会让我们失败,但只要我们觉得自己已经尽力了。因此,我们要尽自己的全力去做一件事,如果没有做成,即使失败了,也不会觉得后悔。

20世纪80年代,在国内有一位非常出名的花鸟鱼虫画家在他16岁的时候就举办了个人画展。他的作品被选送到美国、法国等国展出,被世人称为"天才画家",种种荣誉铺天盖地地向他涌来。但是,这位画家依然是坚持自我,该如何作画还是如何作画,不为名利所动。

在一次画展上,有人走过来问画家："你现在取得了这么大的成就,是什么样的力量让你从众多画家中脱颖而出呢？这一路走来,你是不是感觉非常艰难？"

画家微笑着说："其实，一点儿都不难。在最开始的时候，我本来是很难成为画家的。在当时，我父母非常希望我能全面发展，我不仅喜欢画画，还喜欢游泳、打篮球，等等，不仅我父母希望，我也希望我自己能全面发展，而且在各个方面都要有所成就。正在我迷茫、准备全面发展的时候，我的老师找到了我。"

画家继续说："他拿来一个漏斗和一把玉米种子，让我把手放到漏斗下面接着。老师先把一粒种子放到漏斗上，那粒种子很顺利地就滑落到我的手中了，如此再三，结果都是如此。随后，老师把一把玉米种子都放到了漏斗上，但是因为玉米种子相互拥挤，竟然一粒种子都没有滑落到我的手上。这时，我才知道，我的人生目标太多，反而会得不偿失，所以我必须找到一件自己最喜欢的事情，然后全身心地投入，这样我才能取得成功。为此，我放弃了篮球等诸多爱好，全身心地投入到画画中来，最后才取得了今天这样的成就。"

故事中画家的感悟不可谓不深刻。人生有太多的牵绊，年龄越大，牵绊越多，如果你被众多不必要的目标所左右，那么你的人生将会变得杂而不精，长此以往，你就很难取得大的成就。心有多大，你梦想的舞台就有多大，但是大舞台需要的是专一的目标，如果目标太多，舞台的负重就会变大，很有可能承受不住，最后免不了出现倾塌覆灭的危险。

我们知道，成大事者不拘小节，但是成大事者更要学会摒弃次要的目标而抓住主要目标，因为这才是人生大谋略的重要体现，而目标太多，反而会让你的精力分散，这样你就很难再坚持下去了。你要做的就是抓住主要目标，舍弃次要目标，这样，你所有的努力才会形成合力，远大的目标才会实现。

一个人如果心中不专一、做事不专注，必会使他所有的快乐以及一切与他有关的变得不真实，如此荒芜一生。相反，如果他能够把全部的精力倾注在眼下正在做的这件事上，那么终究会取得优秀的成绩。

戴尔·泰勒是美国西雅图一所著名教堂的德高望重的牧师。20世纪60

年代的某一天,他向学生宣布:谁要是能背出《马太福音》第5章到第7章的全部内容,他就邀请谁到西雅图的"太空针"高塔餐厅免费用餐。

这座"太空针"高塔高185米,登上高塔餐厅可以一览西雅图的美景。另外,那里的甜点也是孩子们向往的美味,可以说那是每个孩子都梦想去的地方。但是要获得这个机会并非易事,因为圣经《马太福音》第5章到第7章又称"山上宝训",是《圣经》中的著名篇章,有几万字的篇幅,而且不押韵,要背诵全文有相当大的难度。

但是有一天,一个11岁的学生胸有成竹地坐在戴尔·泰勒牧师面前,以孩子特有的童音从头到尾一字不漏地把原文背了下来,没出一点儿差错,而且到了最后,竟成了声情并茂的朗诵。泰勒牧师惊讶地张大了嘴巴,要知道,真正的圣经门徒能背诵全文的也是少有的,更何况是一个孩子。

泰勒牧师不禁好奇地问:"你是如何背下这么长的文字的?"

这个孩子不假思索地回答:"我只是专心致志地去背。"

16年后,这个孩子成为一家知名软件公司的老板,他的名字叫比尔·盖茨。

在人生的道路上,外在的客观原因会起一定的作用,但个人的主观努力却是最根本的。比尔·盖茨无论对《圣经》的背诵还是后来他所取得的伟大成就,都得益于他总是集中精力去做好眼前的事。比尔·盖茨竭尽全力做事的故事向我们昭示了这样的道理:一个人要想有所成就,就要重视内因的积极作用,用专心致志的精神去叩开成功的大门。

分散精力很容易一事无成。生活中,很多人之所以没有实现早年确定的目标,大都是因为他们容易见异思迁,注意力也就难免被分散了。如果不能专心致志地做事,便只能探究到事物的表层。真正有所建树的成功人士都是那些集中精力专注某一领域并且坚持不懈地去探索,最终创造出前人无法企及的成果的人。

老实做事，成功自然来

有时候，老实做人、本分做事总会被人误解成是傻子的行为，认为这样的人不够圆滑。但是事实恰好相反，因为这些人清楚自己在做什么，默默无闻地朝自己的目标努力着。他们收敛锋芒、隐忍不发，是为了实现更远大的目标。如果只想不做，只会让自己人云亦云，最后迷失了原有的方向。

一个真正胸怀天下的人并不是善于表露的人，他们往往会静下心来老实做事，并且依靠自己默默无闻的坚持取得了一番成就。

执着于成功的人，总是拥有超强的自信态度，他们在别人犹豫不决的时候就已经踌躇满志地开始采取行动了，这样的态度促使他们达到了常人难以企及的高度。成功者成功之后，根本没有时间去享受成功的喜悦，他们知道成功只是暂时的，只有保持清醒，成功才不会从自己手中溜走。正是这种不以物喜、不以己悲的人生态度，让他们收获了一个又一个成功。

在20世纪20年代之前，国际地理和地质界流传着这样一种说法，他们认为中国没有第四纪冰川。而我国著名的地质学家李四光认为，外国科学家没有来到中国做过这方面的实地考察，怎么可能直接说中国没有第四纪冰川呢？非常自信的李四光坚持了自己的观点：中国的幅员如此辽阔，肯定有第四纪冰川。

1921年，李四光来到河北太行山东麓进行考察，接着又到庐山、黄山等地考察。经过十余年的考察，李四光终于证实：在中国确实有第四纪冰川存在。为此，李四光撰写了论文，论文指出在华北和长江流域确实有第四纪冰川存在。

1939年，李四光撰写的这篇关于冰川的论文发表在世界地质学会上，论文所阐释的大量事实表明，中国确实有第四纪冰川的遗迹。李四光的这篇论文对世界地质学和地理学都是一个很大的贡献。

20世纪初期，美国的美孚石油公司来到中国西部，准备打井找石油，但是却没有发现一滴石油。于是就有一大批学者认为，中国的地下根本就没有石油。

李四光听到这个消息后非常愤怒，他不相信石油只存在于西方的土地上，他坚信自己一定能在中国的土地上找到石油。于是，在接下来的30多年的时间里，李四光坚定地迈着脚步去寻找石油。

在艰苦的石油勘探生涯中，李四光利用地质沉降理论相继发现了大港油田、华北油田、大庆油田等几处大储量油田。经过数十年的亲身实践和理论探索，李四光断言：中国的西北部还有石油。现如今，在西北部开发出的大油田有力地验证了李四光当年的预测。

由此可见，任何一件事情，只要你认真努力去做，就能够把问题处理好，就像李四光一样，因为坚持不懈地向着自己的目标迈进，向世界证明了中国有第四世纪冰川与石油的存在。所有事情都耐不住"坚持"二字，只要你努力坚持，任何事情、任何问题都能够解决，并且能够处理得非常好。

不管你选择了什么、将要去做什么，你都要相信自己、都要坚持，只有这样，你才能取得成功，未战先怯的心理，只会让你到手的机会溜掉。

所以，无论做人还是做事，都应秉承着求真务实的态度。老实本分就是讲究实际、实事求是，这是中国农耕文化很早就形成的一种民族精神；孔子不以怪力论神，就是一种老实本分的精神。只有一步步地走，才能脚踏实地地闯出一条属于自己的路，从而迈向成功。

汉高祖刘邦起兵反抗暴秦时，周勃就以亲信侍从的身份随刘邦南征北战。周勃学识尚浅，但是打起仗来却极为勇敢，执行起命令来非常坚决，因此而逐渐得到了刘邦的赏识。

由此，周勃的官职节节攀升，有些人便产生了忌妒心理，跑去问刘邦："周勃没有才能，打仗也只知道死拼，看不出他有什么过人之处，主公为什么要如此器重他呢？"

刘邦回答说："我也没有三头六臂，为什么我能做你们的统帅？只不过我善于用人而已。阴险狡诈、见风使舵、心有不轨的人，即使有大功劳，我也不会委以重任。而周勃忠厚老实，不会怀有二心，任何时候他都不会背叛我，这就是我重用他的原因。"

后来刘邦做了汉王，又封周勃为威武侯，刘邦对周勃可以说是充满了信任，恐怕自己有所怠慢。

周勃也深知感恩图报，于是便用自己的实际行动来回报刘邦。周勃不怕苦，不怕累，哪里有战事，他就主动请战。他常常对手下人说："汉王厚待我，就是希望我多建功劳。我虽然愚笨了点儿，但是这个道理我还是明白的。做人要讲良心，碰上这样的明主，我就应该全心全意为他效忠，哪里还能暗怀私心呢？"

刘邦去世后，周勃辅佐汉惠帝。当时吕后专权，想立吕氏为王。吕后在征求意见时，右丞相王陵极力反对说："当初高祖曾经杀白马订盟约，如果立刘氏以外的人为王，就要全力讨伐他。现在太后要立吕氏为王，分明是违犯誓盟，是不对的。"

吕后听后很不高兴，接着便问周勃有何看法，周勃则说："现在是太后临朝，自是太后说了算，吕氏封王没什么不对的。"

事后王陵大怒，指着周勃说："你追随高祖多年，想不到今日你也会背叛他！难道你不感到耻辱吗？"

周勃说："现在事出无奈，抗争又有什么用呢？等到以后你就会明白我的苦心了。"

果然，直言顶撞的王陵被吕后免了官，而周勃却得到了吕后更多的信任。吕后死后，周勃马上与陈平联手，消灭了吕氏族人，夺回了刘氏天下。

在形势不利的情况下，周勃不作无谓的抗争和牺牲，只是踏实地做着自己该做的事，向着自己的目标迈进，即使一时违背了自己的意愿，也是为了目标的实现而做出让步，不逞一时之虚名。透过现象看本质，终极目标才是最实在的。

同时，周勃本身为人敦厚老实，不心浮气躁，不为虚荣逞能使强，这样也就容易得到吕后的信任，从而有更大的机会发挥自己的作用。老实敦厚也是一种含而不露的力量，只有懂得隐忍的人方能成就大事。

　　也许有这样一批人，他们每天都是令人瞩目的焦点，但是这种状况持续不多久就会消失。不是因为他们丧失了优点，而是他们的优点在别人眼中已不以为然，甚至优点慢慢就变成了缺点。反观一些默默无闻、踏实本分的人，他们用自己的实际行动努力着，从而离成功的距离越来越近。

　　老实做人、本分做事不是一种怯懦呆傻的表现，而是一种引而不发的智慧。能够认识到自己的不足，然后再一步一步靠自己的实际行动去不断地改正，直至从千万人中脱颖而出，从而取得最后的成功。

忍辱负重，功到自然成

　　生活中，很多人都企盼"一朝成名天下知"的机遇，渴望功成名就的辉煌，但是闪光灯能够照到的只是少数人。当有人成为英雄，就必然会有人坐在一旁为英雄鼓掌。成功的机遇并不会经常出现，它就像夜幕之中一闪而过的流星，是可遇而不可求的。在机遇出现之前，需要付出"十年寒窗无人问"的努力。

　　主角也是从配角做起，甚至是从跑龙套做起的。人在默默无名的时候，要耐得住寂寞，要放低姿态、平和心情，等待或者寻找机会，要有把冷板凳坐热的耐心。

　　一个重点大学经济系的女大学生毕业后在一家外贸公司里当职员。这个大学生的专业知识很扎实，本身也很有才学，而且人长得也很漂亮。进公司没多长时间，人际关系处理得也很到位，同事都很喜欢她。

但是不知为什么,进公司快一年了,老板从未过问过她的情况,也不交给她重要的工作,更没有与她有过什么沟通,每天只是让她做一些无足轻重的事情,对于公司来说她简直是可有可无。

然而,这个女大学生并没有怨天尤人,更没有因为自己是专业上的高才生而向领导讨个说法,她认为自己是个新员工,做不起眼的工作、坐"冷板凳"是应该的。一年后的一天,老板终于找她谈话了,一方面肯定了她在这一年中的任劳任怨,另一方面表扬了她做出了很多成绩,最后依据她的实际能力为她晋升了职位,她的耐心等待总算得到了回报。

女大学生的经历验证了这样一句话:坚持就是胜利。没有耐心坐"冷板凳",就没有机会获得领导的赏识,一年后也就不会有领导的肯定与提升了。"冷板凳"不一定都那么难坐,一旦把"冷板凳"坐热了,机会很可能也就来了。

球场上的替补队员可能是坐"冷板凳"的代表。看着队友们在场上拼搏,替补队员可谓难熬之极。在一场比赛中,有些坐"冷板凳"的队员只能上场几分钟,有的连上场的机会都没有。可是就在等待的时候,机会随时会降临。如果没有随时做好上场的准备,即使有机会上场,其场上发挥的情况也就可想而知了。

人的一生中,最重要的不是成功了多少次,而是失败后爬起来多少次。失败是成功之母,这句话已经通俗到妇孺皆知,但如果想要成就一番事业,还就必须要坚信这句话,坚信失败是通向成功的新起点。

要知道,当你筋疲力尽时,如果再试一次,也许就能获得质的改变。你今天的努力,是为了明天的成功。在别人犹豫动摇时,你要坚定不移;当别人停滞不前时,你要坚持不懈。如此一来,终有一天,你的果园会硕果累累。

公元前494年,吴国打败越国,勾践被围困在会稽山上,一时间无路可退,摆在勾践面前的只有两个选择:一个是投降,成为吴国的俘虏;另一个则是自刎以保留所谓的清白之身。

当时,大夫文种建议勾践投降。正所谓留得青山在,不怕没柴烧,并且让勾践去买通吴国的大臣伯嚭，让他到吴王面前游说以求得吴王夫差手下留情。只要能够留住性命，就还有报仇的机会。

经过伯嚭的一番劝说，吴王夫差最终决定不灭越国，只是把勾践带到吴国当奴隶。

勾践在吴国的奴隶生活一过就是3年。为了取信于夫差，在他病了的时候，勾践竟然为他尝粪便的味道来判断病症的所在。夫差出去游玩的时候，勾践就像侍从一样帮他牵着马。经过勾践的不断努力，夫差终于认为勾践已经彻底被自己打怕了，再也没有了反抗的勇气，于是就把他放回了越国。

回到越国的勾践搭了一间草房，把苦胆悬在自己的床边，每天都要品尝苦胆，以便让自己记住在越国受过的苦难。不仅如此，勾践在自己睡的床上也铺满了柴草，以便让自己永远记得所受的耻辱。

为了报仇雪恨，勾践亲身参与务农，和百姓同衣同食。很快，勾践就得到了越国百姓的爱戴。

勾践让文种主管政事，让范蠡主管军事。经过越国上下7年的努力，国力已经恢复到了战前的水平。

这时，勾践认为报仇的时机已经成熟，就想发兵攻打吴国。但出人意料的是，文种坚决反对，他认为现在起兵还为时尚早。文种说："现在越国的兵力还没有到可以和吴国相抗衡的地步。我们现在需要的就是等待机会，等待吴国和其他诸侯国发生战争，我们再坐收渔人之利，这才是上策。"

就这样，又过了6年，吴国和楚国之间爆发了战争，范蠡认为机会来了，勾践便率领军队突袭了吴国。两场大战，把吴国军队打得四下逃窜、溃不成军，一举消灭了吴国。

勾践之所以能够灭掉吴国，就在于他身处逆境之中能够隐忍，在失败之后不断坚持，并始终坚信自己可以洗雪当年兵败被擒的耻辱。为了不被失败打垮，为了不丧失斗志，身为国王的勾践不惜亲自种田，每天卧薪尝胆，10年养气，10年积聚，最后灭掉了吴国，报了自己当年之仇。可以说，这就是坚定所带给勾践的回报。

锲而舍之，朽木不折；锲而不舍，金石可镂。河蚌忍受了沙粒的磨砺，坚持不懈，终于孕育出绝美的珍珠；铁剑忍受了烈火的赤炼，坚持不懈，终于炼成锋利的宝剑。一切豪言壮语都如空中漂浮的云雾，唯有坚持才是踏向成功的基石。

"谋"在道义
——帅仁义之师，方能行令天下

> 自古以来，战争都是以有道伐无道，正因为有心怀天下的思想，我们才能利用好谋虑。得民心者得天下，只有关怀百姓、体恤下属的领导才是真正英明的领导。
>
> 积善成德，而神明自得。帅仁义之师，才能行令天下；心系天下，才能得到天下。真正有谋虑的领导是懂得积蓄力量的人，也许这样的力量在现在看来还不明显，但是在未来获取成功的某一天，这些力量将会喷井似的迸发出来。

宽容待人就是宽容待己

社会心理学家经过调查得知，忌妒产生于相近的行业领域，冲突的起因往往是利益的纠缠。其实，越是在乎一件事，越是在乎一个人，你就越会钻牛角尖，长此下去，你就会锱铢必较，对任何事都会无法释怀，这样你就会冒犯身边的所有人。

《菜根谭》上说："路径窄处，留一步与人行；滋味浓时，减三分让人食。"懂得退让、宽容一些，你才能为身边人留下后路，才能让对方感到快乐。宽容待人就是宽容对己，懂得宽容的人才是真正想结交朋友的人，他们内心豁达，万事不萦于怀，正是因为有了这样一种豁达的心境，他们的人生才会充满张力。

轻易动怒既伤身体又伤和气，明智的人是不会那么冲动而随意宣泄自己愤怒的情绪的。为人处世中，遇事都要有退让一步的态度才算高明，让一步就等于为自己日后进一步的成功打下基础。否则，断了别人的路，也就断了自己的路。

东汉时期，有个人叫苏不韦，他的父亲叫苏谦，曾经做过太守。苏谦和司隶校尉李暠历来不合，他们之间有很深的矛盾。苏谦退职去京师后，李暠趁机把苏谦收捕狱中，严刑致死，当时苏不韦只有18岁。

苏不韦把父亲的灵柩送回家，又把母亲隐匿在武都山里面。他用家财招募刺客，准备刺杀李暠，但是没有成功，后来，李暠升迁为大司农。

然而，苏不韦并不善罢甘休，他和帮手一起暗中在李暠官署的北墙下开始挖洞，他们没日没夜地挖了一个多月，终于把洞挖到了李暠的寝室下。

突然有一天，苏不韦和他的帮手从李暠的床底下冲了出来，不巧的是，李暠上厕所去了，于是只能杀了他的小儿子和妾，留下一封信后便离去了。李暠回屋后大吃一惊，吓得他在市内布置了很多机关，晚上也不敢安睡。

苏不韦知道李暠已有准备，杀死他已不可能，于是就挖了李家的坟，取了李暠父亲的头拿到集市上去示众。李暠听说此事后，心如刀绞，心里又气又恨，又不敢说什么，没过多久就吐血而死。

李暠因为私人恩怨，不给别人留一点儿活路，非要置苏谦于死地，结果招致苏不韦一生与他为敌，不杀死他誓不罢休，从而致使李暠失去了老婆与孩子，而且牵连死去的父亲跟着受辱，自己最终气愤而死，实在是得不偿失。而苏不韦为了报仇，耗费一生精力，失去了自己本来的生活，也不算是一个胜者。这两个人的斗争应该是两败俱伤的。

狭路相逢不一定就是勇者胜、你死我活的争斗，往往是两败俱伤，每个人都损失惨重。我们每个人都会犯错，都会做错事，最重要的就是学会宽容、学会理解，为他人留后路，这样我们才不会冒犯他人，才不会让自己的美德消失。积善成德，而神明自得。宽容对待整个世界，这个世界才会宽容对待我们，只有这样，这个世界才会变得美好。

我们每个人都会犯错，都会在不经意间冒犯他人，这时就需要我们及时调整自己，学会体谅对方，这样，就算对方犯了再大的错误，我们也能宽容视之，并且能够站在对方的角度去考虑问题，这样，我们才能让自己的美德淋漓尽致地展现出来。

汉朝时，有一个叫张拓的南阳太守在一次办案中碰到一位穷苦的百姓做了错事，因心生怜悯就想有意饶恕他。但是，国法无情，张拓必须处罚他。于是，张拓命令差役用柔软的蒲草代替鞭子来进行责罚，这样不仅宽容了这个百姓，同时也顾全了国法的威严。

张拓的夫人为了试探张拓，看他是否像世人说的那样宅心仁厚，就吩咐婢女在张拓和各位同僚办公的时候端上一盆肉汤，然后装作不小心把肉汤洒到张拓身上，看他是什么态度。

于是，婢女依计行事，将汤洒了张拓和各位同僚一身。在场的张拓的同僚无不大声喝骂那个婢女，只有张拓和别人大不相同，他不仅没有责备婢女，反而急问肉汤烫伤了她没有。

还有一次，有一个人的牛丢了，碰到张拓时，看见张拓驾车的牛和他家的牛非常像，硬说牛是他的，张拓什么也没说，叫车夫把牛解下给那人，自己则步行回家。等到后来，那人找到了自己的牛，就来到张拓家赔礼道歉，打算把牛还给张拓，没想到张拓反而开导那个人，让他不要介怀。

张拓懂得谦让之礼、宽容大度，得到了当时人们的爱戴。正因为他的谦和有度，感动了当地的百姓。耳濡目染之下，使得当地的人们为人处世也都是彬彬有礼。

张拓并非是唯唯诺诺的"好好先生"，只不过是在与人相处时总能站在对方的角度，设身处地地为他人考虑。这样一来，也就更容易理解并宽容他人一些看似过分的言行，用退让的态度于无形中化解了许多不必要的麻烦。

终究,他的礼让谦和赢得了世人的承认,不仅得到了越来越多的爱戴,而且还潜移默化地影响并改变了周围的环境。

在我们的日常生活中,对于原则问题理应坚持,而对于那些小事或涉及无关紧要的个人利益时,仅仅退让一小步,就会带来身心的愉快以及和谐的人际关系。

放弃痛苦、放弃偏见、学会宽容,我们才会释然,才会让自己的内心不为世俗所累,才能更好地去处理身边的事,这样,我们才能成长,才能变得成熟,才能告别昨日的伤与痛,从而迎接美好的明天。

放下仇恨收获爱

人与人之间的交往免不了磕磕碰碰,而且往往都是丁点儿的小事。如果不知忍让、不去克制,轻易就火暴地发脾气,那么这个社会就没有什么和谐可言了。如果仇恨在我们的心底驻扎下来,那么它就会不断扩张,等到仇恨积聚到一个极限点的时候,我们就会铸成无法挽回的大错。

生活中,能过去的事就让它们过去好了,尤其是那些恩恩怨怨。冤冤相报何时了,没有人天生就喜欢仇恨别人,也没有人愿意为自己树立很多敌人,正所谓相逢一笑泯恩仇,如果大家都互相宽容一点儿,再难的问题也能解决,再多的不愉快也都会烟消云散。

每个人都懂得得道多助,失道寡助的道理,尤其是作为领导和上级,在日常的管理过程中,和员工之间的摩擦是不可避免的,要解决这样的问题,还需要双方共同的努力,只有互敬互让才能维护良好的工作关系,对于相互之间的不愉快还是一笑了之的好。

20世纪80年代的松下电器公司在日本同行中位居第1位,在全世界位居第 3 位，总裁松下幸之助被日本同行尊称为"经营之神"。

松下幸之助有个特点，就是批评人的时候毫不留情，有时甚至破口大骂。被他骂过的人并不在少数，可是被骂的这些人中却没有人因此而辞职，反而更加积极地围绕在松下幸之助的周围，这是不是很让人费解？

一次，有一个下属工厂的厂长做错了事情，给公司造成了巨大的损失，松下幸之助在自己的办公室里发怒了，他暴跳如雷、破口大骂，并边骂边用手里的火钳猛敲火炉，以致最后把火钳都敲弯了。而那个犯错的厂长就站在一边，一句辩解的话都没有。

松下幸之助的情绪很高亢，骂起人来嗓门也很大。厂长因为高度紧张，后来支持不住晕厥了过去，于是松下幸之助收敛起自己的情绪，叫人用酒将这位厂长灌醒，然后温和地对他说："这火钳是因为你而敲弯的，你可以回去了，但是你要负责把火钳弄直。"这时候那位厂长才松了一口气，松下幸之助叫秘书送厂长回家了。

几天以后，松下幸之助给这个厂长打了电话："过去的事情就让它过去吧，以后好好干就行，另外我那根火钳你给弄直了没有？"

厂长一边笑一边说："照您的吩咐，已经弄直了。"松下幸之助又对这位厂长进行了安慰。厂长认识到了自己的错误，因此拼命地工作。一段时间之后，他终于成为一个优秀的管理者。

松下幸之助虽然骂人的时候毫不留情面，但是他知道，他和员工之间没有仇恨，他知道骂人之后应该如何收场、如何给对方一个台阶，他心中明白：骂人不是目的，而是为了解决问题，给别人造成伤害就没有必要了。而那个厂长也没有因此记恨松下幸之助，他明白自己犯的错误，更明白松下幸之助给了他台阶下。所以，当他和松下幸之助再次通话时，弄直的火钳让他们摒弃了前嫌，将所有的不愉快一笑了之，这是多么明智的举动。

生活与工作中，无论普通人也好，老板也罢，没有人愿意给自己多树敌人。交往中难免要产生小的摩擦和矛盾,解决矛盾是最终的目的,相互之间的恩怨最好能够及时地化解。双方都停顿一下,仔细想想,然后会心地一笑,愤怒在不知不觉中就会消失了。

人与人之间的矛盾也许会激化,但是你也要学会自己给自己减压,不要让仇恨左右你的思想,因为被仇恨左右的人往往会走向极端。人世间最伟大的事情不是恨,而是爱。只有放下仇恨、收获爱的人,才是得人心、拥有大谋略的人,而这样的人才会取得一番大的成就。

春秋时期,孔子是卫国的宰相,他的弟子子皋是一个监狱的监狱长。子皋勤奋敬业、恪尽职守、爱民如子,同时执法如山,从不徇私舞弊,是一个清正廉洁的好官。最可贵的是,他在执法公正公平的同时还常怀有一颗仁爱之心,也因此经常受到老师孔子的嘉奖,更得到了民众的赞扬和拥戴。

有一次,一个人犯了法,根据当时的法律,子皋要将犯人的左脚砍掉。在执法行刑的时候,子皋非常痛苦,脸上流露出怜悯、悲伤的表情。

俗话说,这个世界上有多少君子就有多少奸佞小人。孔子按照自己的意愿来治理国家,这样的做法不免就会得罪一些小人。于是,这些人就联合起来在卫国国君面前诋毁孔子说:"孔丘有治国平天下的抱负和能力,他的弟子也都个个不凡。但是他功高盖主,根本不把主公放在眼里,主公可不能不防啊!"

卫君听信了这些奸佞小人的谗言,马上下令逮捕孔子。

幸亏孔子事前得到了消息,收拾东西之后急忙逃走了。与此同时,他连忙派人通知了他的弟子,弟子们也都陆续逃走了。

可惜子皋是最晚得到消息的人,当时已经来不及逃走,追捕的人已经把他的住处团团包围。就在这个危急时刻,那个被子皋砍掉左脚的人出现在子皋面前,他现在已经是把守城门的守门人了。子皋心里正想着:这下自己肯定是逃不出去了,等死吧。而出乎子皋意料之外的是,这个人不但没有落井下石、记恨子皋,反而要解救他。只见这个失去了左脚的守门人把子皋藏在了一个地下室里面。官兵们四处搜索都没有找到子皋，于是就向守门人打听，守门人朝东边指了指，告诉他们子皋向那个方向逃走了。官兵们信以为真，急忙朝东边追去了。

　　到了半夜，守门人还送饭给子皋吃，子皋被守门人的行为深深地感动了。但是怎么也想不通守门人为什么会救他，就好奇地问他："之前，我按照国家的法令把你的左脚砍掉了，现在正是你报仇的大好时机，可你为什么还要冒这么大的险来救我呢？"

　　守门人真诚地回答道："您当时虽然砍了我的脚，但是您是按照国家的法律在公正执行。我知道，您在给我定罪的时候反复权衡了法律条文，希望能对我减轻处罚，我很清楚这一点。当行刑的时候，我从您的脸色可以看出，您的内心很痛苦，这一点我也是知道的。我救您，不是因为别的，而是因为您有一颗仁爱之心，是一个为百姓着想的好官，这就是我救您的理由。"

　　正是因为子皋具有一颗"广施博爱，不计回报"的仁爱之心，从而潜移默化地影响了守门人。在他最危险的时候，守门人挺身而出，也用自己的仁爱之心救了子皋一命。可见，仁爱的力量是不可估量的，它能包容他人带给自己的伤害，泯去仇恨，从而化险为夷。

　　仁爱之心是可以培养的，就像我们需要一个好的榜样，然后照着榜样去做，从而改变自己和影响更多的人。人都是有感情的动物，只要有一个人在助人为乐，就会有很多人受到影响，使整个社会都笼罩在这种大爱的氛围之中。

怀恩报恩恩相继，饮水思源源不尽

儒家代表人物孔子说："仁乎远哉？我欲仁，斯仁至矣！"这句话的意思就是说："仁爱离我们很远，真是这样吗？其实只要我们想要仁爱，那么仁爱就会在我们身边。"因为帮助他人就等于是在帮助自己。在现实生活中，我们会常常看到一些温馨的场面，小到公交车上的让座，大到危难之中的挺身而出。而知恩图报是中国人的优良传统，只要不计得失而甘愿付出，就会收获到更多的幸福和快乐。

我们常说，人活着就要懂得饮水思源，要时刻提醒自己的成就是他人所给予的。无论在什么时候，都不能忘记帮助过自己的人，要把知恩图报这种精神牢牢记住，并将其定性为一种根深蒂固的思想，是每个人都应该放在心底的一道道德底线。只有知恩图报的人在面临危难的时候才会有更多的人愿意伸出援助之手，助他走出困境。

当一个人排除万难、穿过险峰、越过险阻时，那些给他送来花环、拿着美酒佳肴前来祝贺的人，他会怀疑他们的友谊并非真诚可靠。而对于那些曾在危难中帮助过他的人，他则会由衷地感激，因为真正的朋友之间需要的就是雪中送炭。而这种举动则衬托出雪中送炭者的侠义之心，让受恩人敬佩、感激，如此一来，也许曾经的竞争对手也会对你无比钦佩，从此化敌为友。

怀恩报恩恩相继，饮水思源源不尽。你只有时刻记得别人的恩情，才会去感恩，才会把这种善举延续下去。人之初，性本善，当你善意地去帮助别人时，就会形成一种风气，就会感染身边的人，让他们和你一样一起去帮助别人。

春秋时期，晋献公听信了谗言，把自己的太子申生杀了，又派人捉拿申生的弟弟重耳。重耳闻讯后逃出了晋国，在外流亡十几年。

重耳经过千辛万苦，来到了楚国。楚王知道重耳曲折的经历，他十分看好重耳日后的发展，因此，楚王为了稳住重耳，将他以国君之礼相迎，待他如上宾。

有一天，楚王设宴招待重耳，两个人推杯换盏，聊得十分高兴，气氛也十分融洽。聊着聊着，楚王突然问了重耳一个问题："你若有一天回到晋国当上国君，该怎么报答我呢？"重耳心里突然一震，但是表面上却没有表示出来，他平静地说："大王待我如同上宾，每日华服美食款待得十分周到，重耳来日若能得势，一定会知恩图报的。只是楚国物产丰富、人杰地灵，要美女有美女，要珍宝有珍宝，大王真是无所不有。而晋国地薄人穷，要什么没什么，哪有什么珍奇物品献给大王呢？"

楚王听了重耳的话之后很高兴，他又说："公子过谦了，话虽然这么说，可总该对我有所表示吧。"重耳笑笑回答道："要是真如大王所料，重耳能够回国当政的话，我将与大王和平共处，无不侵犯。即使有一天，晋楚两国之间不得不发生战争，我一定命令军队先后退90里的距离，然后和大王坐下来谈和，如果还不能得到您的原谅，我再与您交战。"

4年后，重耳果真回到晋国当了国君，就是历史上有名的晋文公，晋国在他的治理下日益强大。

公元前633年，楚国和晋国的军队在作战时相遇，晋文公兑现了他当年许下的诺言，下令军队后退90里，驻扎在城濮。楚军以为对方害怕了，马上追击。晋军利用楚军骄傲轻敌的弱点，集中兵力大破楚军，取得了城濮之战的胜利。

昔时，楚王帮助重耳渡过了危机，重耳以两军交战，退避三舍之礼相待，算是报答了楚王当年的恩情。滴水之恩当涌泉相报，何况是危难之际有人倾囊相助？重耳不忘楚王当年救助过他的恩情，4年之后，与楚国交战之时，他选择把这份恩情延续而退避三舍。

不管是在工作还是生活中，哪怕你和对方是敌人，只要你愿意付出、愿意去帮助对方，你就能和对方成为朋友。所以，不管你和对方有多深的仇恨，你也要尽可能做一个雪中送炭的人，如此一来，受援人在感到无比温暖的同时，也会把这个情谊记得很久很久，以图来日相报，这就是强者的高明之处。

相比于雪中送炭，锦上添花就显得单薄多了。快乐的时候，人的记忆力会减弱；而痛苦的时候，人的记忆力会变强，所以，不管是对待朋友还是对待敌人，我们都需要给对方以春天般的温暖，这样，我们的优秀品德才会带领我们取得成功。

患难真情最交人

如果幸福的婚姻是一双舒适的鞋子，可以陪伴你走过人生的千山万水，那么肝胆相照的友情就是一张温暖的椅子，在万水千山的路上，让我们的脚和鞋子都得到惬意的歇息和疗养。真正的朋友不是跟你一同吃喝玩乐的人，而是在你困难的时候总会及时出现、帮你排忧解难的人。

然而，正所谓"没有无缘无故的恨，也没有无缘无故的爱"，若欲取之，必先予之。情感的流淌是需要互动的，只有让别人感受到你的真情，在关键时刻你才能感受到雪中送炭的温暖。悲喜之中，能让人认清自己；大起大落时，能让人看清朋友。当你处于低谷的时候，你才能发现谁是你真正的朋友，而这样的朋友才是你一生都需要珍惜的人。

有些人总是认为自己的爱情是弱小的、是卑微的，是很难长久的，但是你要知道，爱情的经营要靠夫妻双方相互体谅。患难之后才能见真情，夫妻双方需要的就是相互扶持，只有相互搀扶，才能在爱情路上走得长远。

哈基宁是著名的F1赛车手，当他在赛车场上取得一个又一个成绩的时候，是他的妻子恩雅在身后默默地支持他，不管在什么时候，恩雅都是他最坚强的后盾。

恩雅是芬兰一家电视台的主持人，因为主持人职业的缘故，恩雅认识了不少的赛车手，在这些赛车手中间，哈基宁并不怎么出众，他不仅沉默寡言，而且有时候甚至显得比较木讷，但是一回生，二回熟，经过不断的了解，恩雅发现哈基宁是一个非常勇敢的男人，从不轻言放弃，如果有人能在他身边不断鼓励他，那么他的潜能就将会被全部激发出来。

1995年，在澳大利亚站的排位赛中，哈基宁发生了重大交通事故，头骨被车冲撞得都破裂了，和死亡擦肩而过。在这个时候，恩雅一直衣不解带地照顾着哈基宁。哈基宁非常感动，等到哈基宁伤愈之后，两个人就步入了婚姻的殿堂。

2000年之后，哈基宁和恩雅逐渐淡出了人们的视线，过着只羡鸳鸯不羡仙的生活。

患难是爱情的试金石，只有经历过患难考验的爱情才会更加完美，才会展现出更加让人折服的魅力。哈基宁是幸福的，因为有恩雅的陪伴，他走过了人生一个又一个难挨的关口，跨过危难，迈向新生。如果哈基宁的人生中没有恩雅的陪伴，那么他也不会取得今天的成就。

患难见真情，我们只有处在危险的时刻才能体会到爱情的珍贵，才能体会到人生的那种机缘影随，那种来之不易。只要我们学会发现幸福，学会寻找幸福，就能搭建起牢固的爱情城墙，才能展现出自己那种博大的胸怀和风范。

爱情如此，友情就更是如此了，当你真正处于危难关头时，能够为你挺身而出的才是朋友，而推脱的则不是真正的朋友。正因为这样，我们才会说"万两黄金容易得，知心一个也难求"，当知心朋友出现时，我们一定要加倍珍惜，和他们一起在人生长路上坚定不移地走下去。

东汉有一个叫荀巨伯的人。一天，他去看望卧病在床的一个朋友，恰逢敌兵攻进城内，烧杀抢掠，老百姓抛家携口、四散逃命。荀巨伯的朋友急忙对他说："我得了重病，活不了多长时间了，你还是赶快逃命吧！我不想拖累你！"

荀巨伯对朋友说："现在你得了重病，我怎么能弃你于不顾呢？我千里迢迢来到这里就是为了照顾你。现在，敌军进城了，我就更应该保护你，怎么能独自逃命呢？"说完，荀巨伯就到厨房给朋友熬药去了。

朋友喝过了药，还是坚持让荀巨伯赶紧离开，但是荀巨伯却跟没有听见一样，安慰朋友说："你安心养病吧！敌军不是还没攻到我们这儿呢吗？就算他们攻进来，只要有我在，你一定会没事的。"

正在两人说话的当口，敌军破门而入，看到还有人在这里居住，不禁感到非常奇怪，就呵斥他们："你们的胆子真大啊！竟然还敢住在这里？难道真不怕死吗？"

荀巨伯不紧不慢地站了起来，指着朋友说："他是我朋友，现在病得厉害，根本无法离开。我怎么可以独自逃走，弃他于不顾呢？你们别吓到我朋友，有什么罪责都由我一个人承担。哪怕杀了我，我也毫无怨言！"

这些兵士佩服荀巨伯是条重情重义的好汉子，于是说道："真没想到在这兵荒马乱的年头，竟然还有像你这样重情义的人。让你的朋友好好养病吧，我们先走了。"说完，敌军就离开了。

如果说荀巨伯不远千里来探望朋友是一种情分的话，那么，在大军压境、生死当口仍然安于床前服侍照顾就是一种顶天立地的壮义了。也正是因为他对待朋友如此情真意切，才打动了攻城夺地的敌军，最终意外获得了一条生路。

人生在世，每个人都不可能一帆风顺，生活中常听人议论："只有当你真的出事了，才看出到底谁和你亲。"一句简单朴实的话，却道尽了患难见真情的深刻道理。真正的朋友应该"有福同享，有难同当"，而不是如墙头草般随风倒，没有一颗坚定的心去对待朋友。当你的朋友在患难中时，不要犹豫，真正的朋友就是在最寒冷时送去一盆炭火的人。而我们如果也能以一颗诚挚的心去对待朋友、珍惜朋友，那么也就不必焦虑。危难之时必然会得到朋友的帮助。

说篇

妙语连珠，说话滴水不漏

会说话的人，寥寥数语，谈笑之间，樯橹灰飞烟灭。舌战群儒，一语中的，这就是会说话的人的言辞之力。这种人懂得迂回之道，能进能退，伺机而动，针针见血。与人沟通，靠的是应变，靠的是口才，当然也靠英勇无畏的智慧。

"说"出风采
——于言谈举止中展现个人魅力

> 当我们懂得思考之后,我们可以创造一切;当我们懂得说话的艺术之后,我们就可以说服一切。每个人都有一张嘴,这张嘴除了能喝水吃饭之外,我们还可以用来说话,还可以用来展现自己的魅力。
>
> 一言一行,关乎你的魅力、关乎你的品格。和人交往,除了外表之外,我们还可以让自己的言谈举止为自己增加印象分。让话语展现出魅力,让人生充满激情,我们才能在前行的路上收获更多。

一张一弛乃说话之道

生存在这个世界上,对我们来说,什么是最重要的?不是金钱,也不是名利,而是沟通,是说话之道。如果人们都不说话,那么这个世界还会剩下什么?剩下的只会是一团死气,社会也就谈不上什么发展了,而这体现出的正是语言的魅力。

一张一弛乃说话之道。懂得说话之道的人才是有大智慧的人,因为他们可以在人际交往中展现出自己的魅力,并且能够吸引到众人的目光。懂得说话之道的人是非常喜欢用语言交流的人,因为他们知道,如果无法交流,就无法体现出人生的价值。

一天,天上的一位神闲来无事,就问一直被关在笼子里的鹦鹉:"你愿意到天堂生活吗?"

鹦鹉非常奇怪:"我在这里生活得挺好,为什么要去天堂生活呢?"

神笑着说:"天堂非常豪华漂亮,而且不用为吃饭喝水发愁。"

鹦鹉听完神的话,不由得憧憬起天堂的生活,但是随即便沉默了下来:"天堂是很好,但是我现在也很好啊。我每天的生活都有主人帮我打理,不用为任何事情操心,还能和主人聊天、唱歌,这样不是很好吗?"

神又问:"那你居住在这里自由吗?你能从笼子里飞出来吗?"

鹦鹉听后沉默了,于是神把鹦鹉带到了天堂,并且把它安放在了翡翠宫,然后就忙别的事去了。

一年过去了,神忽然想起了鹦鹉,就来看它:"怎么样,你在这里过得还好吗?"

鹦鹉回答说:"谢谢您,我生活得很好。"

神看着鹦鹉,继续问它:"那你能谈谈在天堂生活和在人间生活有什么不一样吗?"

鹦鹉感慨地说:"这里什么都好,就是没有人跟我说话,我真的忍耐不下去了,您还是让我回到人间去吧!"

由此可见,如果没有人与你交流,没有人欣赏你,就算让你住进天堂也注定是寂寞的。没有交流、没人欣赏的人生注定是悲剧的。每个人在社会中都不是单一的个体,通过与人交流,不仅可以了解彼此,还可以交到更多的朋友。人际交往是我们一生不断追求的深奥哲学,拥有良好人际关系的人生才是丰富多彩的,才会充满趣味。

深谙说话之道的人最重要的就是找到一片适合说话的沃土,这样的人才能展现出自己说话的能力。能够与不同类别的人进行良好的沟通并能与他们成为朋友,这样的人才是真正有能力的人。很多时候,我们总是因为一两句话或者一两个字说错而失去很多机会。机会不是空想而来,而是需要你与人沟通,这样才能认识更多的人,才能多交流,这需要我们每个人在人生的大舞台中不断变换角色,这样才能受到别人的认可。

一个人如果深谙说话之道，说起话来就会井井有条并且滴水不漏，这样的人是聪明的人，他们懂得统筹规划，会把所有事情都计划好，并且能够通过与人沟通把所有计划全部实施，并且能够依靠自己的说话之道把所有的问题解决掉。

　　在美国一个农村里住着一位老人，他有3个儿子，只有小儿子和他住在一起，其他两个儿子都去城里工作了。

　　有一天，一个人找到了老人，他对老人说："老人家，我能带您的小儿子走吗？我想带他去城里工作。"

　　老人和小儿子相依为命，听到这话后非常生气："不行，你出去吧！"

　　"那我给您的小儿子找个城里的女孩当妻子，可以吗？"

　　老人再次予以拒绝。

　　这个人继续说："如果我给您小儿子找的对象是世界首富的女儿呢？"

　　老人终于点头了。

　　接下来，这个人就马不停蹄地去找世界首富了，对他说："尊敬的先生，我想给您的女儿找个对象，您同意吗？"

　　首富哪见过这样的人，他说："不行，你出去吧！"

　　这人继续说："如果我给您女儿找的对象是世界银行的副总裁呢？"

　　首富同意了。

　　这个人又去找世界银行副总裁："尊敬的副总裁先生，我想您应该马上任命一个新的副总裁。"

　　"不可能，我为什么要任命一个新的副总裁？"副总裁说。

　　"那如果这个人是美国首富的女婿呢？"

　　于是世界银行副总裁同意了，从而让老人的小儿子成为世界银行的新任副总裁，并成为了首富的女婿。

　　一个人辗转于老人、世界首富、世界银行副总裁之间，凭借自己的口才，把本来毫不相干的3个人联系到了一起，而这个人所凭借的就是说话之道。本来是不可能办到的一件事，却因为有了这个人加入，才使得这件事顺利办成了。

现实生活中，我们都希望自己有好口才，能够于谈笑间便樯橹灰飞烟灭，能够于谈笑间净胡沙……当然，想要取得这样的成功，我们就需要时时用心，不断在生活中学习，不断修炼自己的说话之道，这样我们才能不断成长进步。

让说话之道发挥作用，在于我们的积累，更在于我们的信心。当一个人自信心足够强大时，他所说出的话就会被自信所感染，就会形成一种气场。一张一弛，说话的时候讲究的就是松紧适度，就是自己要对自己有信心。如果你对自己说的话都不放心、都不接受，那么你谈何让别人接受呢？

要想让说话之道为你的成功添砖加瓦，就要认清说话之道的内涵，然后不断激发出说话之道的能量，这样，你才能让自己的人生因为善于说话而大放异彩。

用爱感动世界，用沟通说服世界

幸福很简单，简单到我们坚信有人爱我们，我们就会感到幸福。著名作家列夫·托尔斯泰说："幸福的家庭都是相似的，不幸的家庭各有各的不幸。"幸福就是即使两人对坐无语，也不会觉得无聊；幸福就是彼此打电话时不需过多的语言，只为听到对方的声音。幸福很简单，也很复杂，主要在于你想得到怎样的幸福。有人认为，锦衣玉食也不会感到幸福，有人则认为一日三餐依然可以快乐每一天。

用爱感动世界，用沟通说服世界。你所运用的沟通方式决定着你是否成功，只要你相信，你就能创造奇迹。有人说，幸福其实很简单，有事做、有人爱、有所期待就是幸福。爱拥有着让世界动容的力量，如果一个人心中有爱，就会用话语去表达，就会用实际行动去展示。用爱感动世界本身就是一个奇迹,当你的心中有大爱,那么你做出的事、说出的话就会感染到身边的人。

下面有这样一个故事。

1948年,有一艘船要横渡大西洋,船上有一位父亲要带着小女儿赶去美国纽约港和妻子会合。

海面上异常平静,碧空如洗,云霓闪动,煞是好看。有一天早上,父亲正在船舱上用刀削着苹果,突然之间船身发生了剧烈的晃动,父亲倒下了,而刀子则正好插到了父亲的胸口。父亲当时脸色发青、全身颤抖。6岁的小女儿被这瞬间的变故吓傻了,想要跑过去扶起父亲,但是却被父亲微笑着拒绝了。

父亲轻轻地捡起掉在地上的刀子,慢慢地爬了起来,擦掉了刀子上的血迹。

在此之后的3天里,受伤的父亲每天晚上依然为小女儿唱摇篮曲,清晨为她穿好衣服,带她去感受海风的吹拂、聆听海浪的声音,好像什么事都没有发生一样。然而,父亲的面色却一天比一天苍白,不仅如此,父亲的脸上还写满了忧伤。

在到达美国的前一天晚上,父亲把小女儿叫到了身边,对她说:"明天,你见到妈妈的时候一定要告诉她,我永远爱她。"

小女儿非常奇怪:"你明天就能见到她了,为什么还要我去告诉呢?"父亲微笑着抚摸小女儿的头,在她的额头上深深地吻了下去。

第二天,船停靠在了纽约港,小女儿一眼就看到了母亲,欢快地喊着妈妈。就在这时,周围的人大声地惊叫了起来。小女儿回头一看,原来自己的父亲已经倒在码头上,胸口被鲜血浸湿了,四周的地面也被鲜血染红了。

后来,医生在做尸体解剖时发现,那把削苹果的刀准确无误地刺进了死者的心脏,但这位本来应该当场死亡的父亲却多活了3天,而且强忍着病痛,没被小女儿发觉。

在医学研讨会议上,有很多人要对这件事进行命名,有人要叫它大西洋奇迹,更有人说要用这位父亲的名字命名。这时,一位老医生站了起来,只见他须发皆白、皱纹深陷、目光慈祥,散发着智慧的光辉。他大声说道:"你们都说够了吧?这个奇迹的名字,其实就叫'父亲!'"

在上面的故事中,父亲用爱感动了世界,他是奇迹的缔造者。爱就是不断坚持,哪怕背后会袭来寒风冷雨,哪怕下一秒钟会面对刀山火海,只要心中有大爱,奇迹终究是会出现的。

奇迹的出现并不是偶然的,是需要我们用源源不断的爱换来的。沟通之道在于我们的心中有强大的力量,而这样的力量可以让我们的话语拥有一种直指人心的力量。用爱感动世界,爱无关大小,只要心中有爱,我们就能说出爱,就能感染身边的人。

用爱感动世界,用沟通说服世界,就能证明你有着常人难以拥有的气场和力量。放眼成功人士,我们会发现,他们都有着不同于普通人的口才,而他们的口才所展现的正是他们的人性魅力。历数从古到今的人物,我们会发现哪一位成功者的雄辩能力不是出类拔萃、震古烁今的?从墨子到孟子,从苏秦到张仪,从诸葛亮到魏征……由此可见沟通之道在他们身上起着其他任何东西都无法比拟的作用。

成功者永远会彰显出一种与众不同的魅力,无论他们出现在哪儿,立即就会成为众人瞩目的核心,即使他们不言语,只是站着或坐着,也能带给他人一种特别深刻的印象和威慑的感觉,甚至还能令人不由自主地对他们产生依赖感和安全感,因为他们知道,自己此时该做什么事情、不能做什么事情。

在现实生活中,能够用口才说服世界的人不在少数,有的人会用抖擞的精神、丰富的情感、自如的表情显示出超人的才干和魅力,博得的是他人的喜爱和青睐。当然,有的人则会显得窘迫不安、语无伦次或面部表情麻木,让人看到之后会感觉到他们内心的懦弱。这两种不同的现象表现出两种截然不同的气质。我们能否关键是看你能否通过你的面部表情、形体动作、语言等来展示你的个人魅力。

以幽默的口才造就快乐的心态

现今社会，竞争日趋激烈，这就要求你不断壮大自己，只有这样，你才不会被社会大潮所吞没。苦难是一笔财富，当你面对苦难的时候，就要用积极乐观的心态来面对，这样，人生中的"坎儿"才会因为善于沟通而解决。

幽默的口才是苦难的劲敌，当苦难来临时，当你的人生遇到过不去的坎儿时，你要展现出自己最阳光的一面，让悲痛离你远去。幽默是你口才能力的一种展现，是你自信、乐观、豁达、宽容等心理素质的外在表现。如果你想在为人处世时成为幽默大师，就要先丰富自己，让自己变得生动起来。

经历的事情多了，你就会正视现实、笑看一切，面对任何困难也能付之一笑，而这些将会为你的幽默增加一道重要的砝码。想要学会幽默的人，总是用心去寻找幽默，却忘了去改变自己。如果你被人生中的苦难束缚，就无法抽身而出，这时你的魅力就会消失，幽默的口才就会离你越来越远。

当悲观者看玫瑰，他们会说："花里有刺。"而乐观者则会说："刺里有花。"生活中的我们又何尝不是如此呢？总是因为走不出苦难的圈子而安于此处，不想另作良图，这样，由于心态的作用，幽默就会变成空壳了，就再也无法焕发出它应有的光彩了。

乔治·桑塔亚那是美国的哲学家，4月的一天，他决定结束自己在哈佛大学的任教生涯。

那一天，礼堂中的学生非常安静，乔治却讲得非常有激情，等到最后的时候，他看到窗外有一只知更鸟停在了树梢上，开心地欢叫着。

乔治呆呆地看着窗外,过了好一会儿,才转过脸来对学生们说:"对不起,同学们,我要离开了,因为我与春天有个约会。"说完之后,乔治就转身离开了。

乔治的结束语虽然简单,却富有诗意,而且充满了幽默和对人生美好的向往。只有忘记苦难,学会笑看人生,我们才能发现人生中的美好,才能说出让人感同身受的幽默话语。

想要让幽默萦绕在你的嘴角,就要充分利用你的观察力和想象力。只有这样,苦难才会因为你善于沟通而消失。只有善于发现、明察秋毫,你才能发现快乐的根源,才能发现转瞬即逝的幽默素材。

一个乐观的人,他所说的话不用多加修饰,就会变得轻松幽默。快乐是最具魅力的,它可以让你抛却烦恼、重拾信心,让彩虹永远在你的心底绽放。生活总是苦多乐少,越是如此,就越需要我们自己寻找快乐。快乐其实很简单,心灵越简单、生活需求越少,你就会越快乐。人生在世,百岁光阴,与其每天痛苦悲伤,何不选择每天快乐地度过呢?

失败之后,用出众的口才走出成功的路

现实生活中,情绪化的人不在少数。不管是遇事不顺还是别人对他们不好,抑或是遇到了挫折……他们都会发牢骚、找借口、怪天气、怪运气、怪别人……但这样做不仅无法把问题解决掉,更会让你前行的道路越走越窄。与其伤人伤己,不如调整好心态,让自己从低谷中走出来,这样你才能走出成功的路。

失败是成功的试金石,当失败出现,你要做的就是不要被失败的阴影所笼罩,要学会摆脱,驱散阴影。失败之后,你需要的是自救,依靠自己的语言让自己从危机中摆脱出来,这样你才能获取更加光明的未来。

在纽约,有一个家喻户晓的面包品牌——迪巴诺。这家公司生产的面包在美国的销量一直领先,但却在自己的地盘里摔了一个大跟头——附近的一家大饭店从没有向这家公司买过一块面包。

为了啃下这块"硬骨头",迪巴诺公司创始人迪巴诺先生亲自出马,每周都要拜会这家饭店经理,希望对方可以签下合同。不过,在4年的时间里,迪巴诺每次都是无功而返。

这么多年的失败让迪巴诺意识到自己必须改变销售技巧。于是,他一改过去的做法,开始对饭店经理本人格外关注起来。他调查了饭店经理的爱好和热衷的事物,了解到饭店经理是饭店协会的会长,热衷于美国饭店协会的事业,一直坚持参加协会的每一届会议,不管会议的时间、地点如何。

掌握这些信息之后,迪巴诺渐渐有了新的战术思维。一段时间过后,他再次来到这家饭店。

坐在饭店经理的对面,迪巴诺不再滔滔不绝地讲述自己的品牌,而是以协会为话题,像老朋友一般聊起天来。结果,迪巴诺感染了饭店经理,他神采飞扬、兴趣浓厚,和迪巴诺谈了30分钟有关协会的事项。最后,他还热情地邀请迪巴诺加入该协会。

这次谈话让迪巴诺的事业版图进一步扩大了。就在几天之后,他就接到了饭店采购部门打来的电话,请他把面包的样品和价格表送去。这个消息让迪巴诺欣喜若狂,他为自己的知己知彼感到兴奋,更为自己多了个心眼而欢呼雀跃。

在一次次遭遇失败之后,迪巴诺没有选择放弃,而是依靠独特的沟通方式为自己打开了成功的道路。由此可见,失败只是暂时的,只要你坚持,一切都会在意料之中。

在遭遇失败时,就要说出一些提升士气的话语,如果你所说出的话总是为自己泼冷水的话,就算你再有动力,也会瞬间消失。其实,每个人遇到各种苦难或厄运的概率是相同的,不同的是各自对待困境的态度。失败之后,你最应该做的就是改变态度、调整说话的方式,这样你才能自我激励,才能成功。

遇到困境,总是环顾左右、希望别人拉一把的人也许能较快地逃离暂时的不幸,但在不远的前方还有多少困境谁也无法预料。一旦他们失去外界的援助,大多在困境中便不能自拔,甚至自甘堕落。而在逆境中懂得自救的人也许在苦痛中煎熬的时间会长一些,但他们从中锻炼并增强了战胜困难的信心和勇气,当再一次身处逆境时,就能变得从容而机智。

失败之后,你要靠沟通来走出成功的路。失败和苦难总是不期而至,你何不坚强一些,把所有问题看淡一些,继续在黑暗中前行,自己给自己点一盏明灯?只有这样,你才能透过黑暗看到光明,而你的言语也将会让你在黑暗中看到更多美丽的风景。

运用说话的艺术拒绝他人

在现实社会中,我们不是单一的个体,而是与社会紧密相连的社会人,这就注定我们每天都要不可避免地与他人打交道,这时就需要我们分清主次,接受自己应该接受的,拒绝自己应该拒绝的,只有这样,我们才能处理好身边的人际关系和身边的事。拒绝,需要的就是能侃,但是侃要适度,多一分不行,减一分不可。

对于他人的困难,急人所急、热情帮助都是应该的,但前提是一定要量力而行。如果遇到自己做不到的事情就要学会拒绝。但是,直截了当地说"不",会使对方感到失望和尴尬,不利于和谐的人际交往。所以,我们要擅用表达策略和交际技巧,给一个合乎对方期望的回答,如此一来,即使是拒绝,也能让对方很容易地接受。

在与人交往的过程中，永远不拒绝他人是不可能的。我们不要因为拒绝而让自己失去魅力，要学会恰合时宜地拒绝。也许你会认为这样的拒绝会非常困难，但是这才是你展示说话之道、展示个人魅力的关键时刻。深谙说话之道的人会委婉而坚定地拒绝，因为他们知道自己的能力有多少，能够办成事的概率有多大，既然无法完成，就要动用说话的力量让拒绝有度。

拒绝的时候，我们要恰当地表达、温和而坚定地说明自己的情况，如此一来，不但可以让对方在遭受拒绝后将失望和不满情绪降到最低，而且还会给人以简单真诚的印象，有利于双方日后和谐地交往。

曾经，美国某报纸为了增强影响力，几次三番地邀请林肯去参加他们内部的编辑大会。林肯推脱不了，只好勉强答应，对方欣喜若狂，并想趁势把林肯作为该报的"品牌"。

林肯觉得自己并非一个编辑，所以出席这样的会议不大合适。为此，他想用一个小故事让报社的领导不要再邀请自己出席这样的大会了。

林肯说："一次，我在森林中遇到了一个骑马的妇女。我停下来让路，可是她也停了下来，目不转睛地盯着我的面孔看。

她说：'现在我才相信你是我见到过的最丑的人！'

'你大概讲对了，但是我又有什么办法呢？'我回答说。

'当然有办法了，虽然你生就这副丑相是没有办法改变的，但你还是可以待在家里不要出来的嘛！'"

听完这个故事，大家为林肯幽默的自嘲而哑然失笑。林肯巧妙地表达了自己的拒绝意图，温和但却让人在愉快的氛围中领悟到他的意图。

在生活中，对于任何事都接受、都去做是非常不明智的，温和而坚定地拒绝，可以让对方看到你的良苦用心。对别人提出的要求永远点头并不能让你得到什么，更会因为一味地同意而把你自己逼上绝境。林肯的拒绝之道就在于他选择了引用一个故事，委婉地拒绝了对方的请求，进而使得自己从中抽身而出。

生活中，有很多人不会说"不"，也有人不敢说"不"。比如一个门卫，明知道不出示通行证的人不能放过，却不敢拦阻上司家人的车；一位鉴赏家明知道是赝品，却不好意思驳朋友的面子而向外人道出不是真迹的缘由。

然而往往，越是想讨好每一个人，越是达不到众人满意的结果。岂知越是想讨好每个人，最后谁也没讨好，因为过多的逢迎让所有人都不曾注意到你的"好"，却反而责备可能的不周到。越是想对得起每一个人，就越有可能谁都无法满足。要知道，一个人的精力、体力都是有限的，不可能顾及到每一方面。除此之外，你的阵脚也会被扰乱，原有的方寸也会变得不再平衡。委婉的言辞及良好的沟通方式能让拒绝充满弹性，更能让你在不撕破面子的基础上达到拒绝的目的。

白雪前些日子打电话回原来的公司向老同事问好，不料同事的一句客套话就把她的好心情搅没了，因为她分明听见有人在电话那头诉苦："天气好热呀，你走了，都没人给我们买可乐了。"现在想想，白雪真的很后悔，要是当初刚进公司时不依着那帮懒人，后来就不会有那么多的麻烦，落得个不得不离职的下场。

白雪刚进公司时，觉得自己是个新人，一定要赶快融入办公室的小圈子里面去。于是她刻意地顺着同事们，每逢休假日值班，无论谁开口，她都会答应，为此不知浪费了多少个休假日，久而久之都变成值班专业户了；平时上班，白雪总是早早就到了，收拾台面、打扫办公室，只要谁说一句"没吃早餐好饿呀，有没有什么东西填肚子？"白雪就赶紧拿出自己买的牛奶麦片送到他们手上；炎炎夏日，白雪还经常买些冰镇可乐带给大家喝，她成了大家公认的"大好人"。

但是，随着白雪身上的"新人"的标签渐渐被摘掉，她的工作也渐渐繁忙了起来，这让经验还不够丰富的白雪有些应付不来。因此，白雪把大部分精力都花在了工作上，不再像以前一样帮同事们擦桌子、扫地、买早点了。可没想到的是，她这一"撂挑子"，同事们却开始纷纷抱怨了起来，有的还当着白雪的面开涮:"哎呀呀,我们小雪也是公司的老人了嘛,年纪不大,还真有老员工的做派了。来来来,辛苦一下,帮我把这份材料送到经理室去吧。"没办法,碍于情面,白雪只能耐着性子继续当他们的"服务员"。

不仅同事们拿她当"服务员",白雪的顶头上司也会不时地让她做些额外的工作,虽说这些事是工作,但其实绝大多数都是上司的"私事"。当同事们向白雪提出不合理的要求,白雪还能以一句"那不是我分内事"推托,但顶头上司开口了,白雪就真的只能硬着头皮上了。

有一次,白雪的顶头上司派她去车站帮忙接一个亲戚,虽然白雪手头有一大堆工作要做,但还是答应了下来。结果,她刚一出公司的大门就被出差回来的老板撞了个正着。当时正是上班时间,老板张口就问:"白雪,你这是去哪儿啊?"这是去替上司办私事,白雪哪敢实话实说?于是她只能硬着头皮编瞎话,说是出去招工。

结果后来,老板从别人那里知道了事情的真相,便把白雪叫过去狠狠地训了一顿,说她身为人事部职员都不能做到"诚信"二字,又怎能管理他人呢?还说:"你的工资是谁发给你的?你凭什么在工作时间去给别人办私事?"

白雪认为自己在老板眼里留下了这样的坏印象,还在公司待下去只会自讨没趣,于是她递交了辞职申请,老板也并没有挽留她,"人见人爱"的她就这样黯然离职了。

我们常说,距离产生美,这不是毫无根由的,与同事相处,保持适当的距离是应该的。每个人都有自己的私密空间,不要等到别人厌恶的时候再幡然醒悟。我们都不是三头六臂的怪物,有些事情是我们力所不能及的,既然无法完成,就要选择适时抽身而退。

学会拒绝、学会区分,这样既能保护自己,又能让我们产生吸引力。温和而坚定、优雅而明确地拒绝他人,如此能进能退,在守住自己底线的同时也赢得了他人的尊重与认可。

拒绝对方时要保持一个温婉而平和的态度,也就是说,不要在他人一开口时就断然拒绝。对他人的请求流露出不快的神色或坚持完全不妥协的态度都会让人感到难堪。要懂得给对方一个面子或退路,实际上也是给自己一段纽带。你应以真诚可亲的态度耐心地让对方把话说完,然后诚恳而明确地说出事实、开诚布公。委婉地道出苦衷,坚定地说出原则,必能获得朋友的谅解,赢得对方的尊重。

"说"出交情
——以心换心,感情是谈出来的

> 世界上没有无缘无故的恨,也没有无缘无故的爱,这就要求我们学会付出,学会以心换心,多说一些让对方感到温暖的话语,这样对方才会感觉到你的诚意。
>
> "说"出交情,让问题的解决变得顺理成章。我们每个人都有一张嘴,这张嘴的作用就是让我们得到人心,收获交情。"说"出交情,我们才能和对方进行更深一步的交谈,才能够把所有问题解决掉。

"说"出幽默,交情自然来

我们在一生中会遇到无数人,大多数的交情都是从陌生人开始的,一回生,二回熟,只要我们找到和陌生人交流的正确方式,就能让他们和我们走到一起,实现心与心的交流。想要让陌生人真心和你交流,你要做的就是说出幽默,这样交情自然就会来。

幽默有着强大的感染力,在人际交往中,幽默常常能够使你的话语感染别人,帮助你说动别人,幽默的这一作用在职场中同样能够体现出来。在职场中,无论是对老板、同事,还是下属,多使用点儿幽默,你的言辞就会更有感染力,让你在职场中更能如鱼得水。

每个人对陌生人都会有介怀心理,交流时总是会自然产生一种隔膜,不会轻易让对方走进他们的心里。我们每天都会遇到很多无法预知的事情，这就需要我们摆正心态，多用幽默的话语融化对方的内心，只有这样，对方才会愿意和我们走到一起。

只有在和对方沟通的时候运用幽默的言辞，对方才会不自觉地卸下防备，才会愿意和我们交流。发挥说的魅力，让幽默为你的魅力提供营养，尽全力去展现自己，这样你才能说出交情。

有一家公司举办了一次化妆品展销会，几名年轻的工作人员耐心地向顾客讲解着公司的产品，并且在介绍公司产品的制作工艺和使用方法时还会不时地说出非常专业的术语。这些工作人员回答问题时应变能力很强，而且非常有幽默感，正是这样的氛围感染了前来购买的顾客。

有顾客问工作人员："你们的产品真的像广告上说得那么好吗？"

工作人员回答说："您试过之后，一定会感觉我们的产品比广告上说得还要好！"

顾客继续追问："如果我用过之后发现这件东西根本不怎么样，我感觉不好，你说应该怎么办？"

另外一名工作人员凑过来说："不会的，我相信您会喜欢上这种感觉的。"

工作人员风趣幽默的回答感染了顾客，顾客在这种感染下欣然购买了工作人员推荐的产品。

这样的案例还有很多，比如，有一位营销人员在市场上推销灭蚊剂，营销人员滔滔不绝的话语吸引了很多顾客。有一名顾客看着营销人员，提出了一个尖锐的问题："你敢保证，你推销的这种灭蚊剂能够消灭掉所有蚊子吗？"

营销人员微笑着回答说："不敢，你没打过药的地方，蚊子肯定活得好好的。"这句看似玩笑的话表达出了营销人员的幽默应变能力。营销人员说完话，没过多久，他要销售的几箱灭蚊剂就被一抢而空了。

沟通是一门艺术，当你做错事或者冒犯他人的时候，这时如果你能发挥出说话的魅力，想要和对方说出交情，就要展现出你的口才能力，让对方发现你的特点并且被你所吸引，这样，对方才会愿意走近你，才会愿意和你成为朋友。

语言是一门艺术，怎么样说话、怎么样说好话更是一门艺术。在人与人的交流中，说话与沟通显得尤为重要。说的时候要保持微笑，想好了再说，言辞幽默，对方才会看到你说话的功底。我们常常会信奉言多必失，进而选择少说话，这样的后果只会让别人认为你过于自闭、不好相处，进而对你避而远之，这样，你就成了真空体而失去了所有朋友。

多与人沟通，学会把握初次见面时与人交往的尺度，学会站在心灵的高度去思考问题，只有这样，你才能给别人留下好印象。生活中如此，职场中就更是如此了，很多人每天都要与新客户打交道，每一次机会全都来自于"说话交流"，都需要你最大限度地展现出自己的亲和力，只有这样，你才能打破"陌生"的防线，和对方熟络起来。

有两位保险公司的业务员抱怨工作压力大、公司要求苛刻。第一位说，保险公司要求他在发生10次意外事故中要有9次在意外发生当天把支票送到保险人手里。

"那算什么！"第二位业务员笑着说："我在公司大厦的23楼，这栋大厦有40层高。有一天，我们的一个授保人从顶楼跳下来，当他经过23楼时，老板要我把支票交给他。"

现代社会中，每个人的工作压力都很大，职场中的人际关系纷繁复杂，使得人们在工作中事事小心、身心疲惫。这时，如果能够在不影响工作的前提下可以和老板、同事、下属开个适度的玩笑、幽默一下、活跃一下办公室的气氛，适当地用幽默打破办公室内严肃的气氛，给枯燥的工作注入新鲜欢快的空气，便有助于提高自己的人格魅力，同时还能赢得同事的喜欢和老板的赏识，可以让你在职场中说话更有分量。

说出幽默，可以让我们内心的压力得到缓解，用它来缓解工作压力，会比一些抽象的理论更奏效，这样才能发挥出说话之道的最大能量。

不管是新朋友还是老朋友，你都要不断在彼此之间注入幽默的润滑剂，只有这样，你才能打开心灵的枷锁，加深彼此之间的关系。和同事来点儿幽默，不但能使自己缓解工作压力，也帮助对方用更轻松的态度工作，这样就容易获取对方的感情共鸣，获得对方的好感。

幽默的话语可以走进人们的内心，可以让你在面对陌生人时能放能收，展现出自己最从容的气度，从而让自己的亲和力变得更有气场。一回生，二回熟，人生需要不断突破，而沟通也需要你从零做起，而就在此时，你才会让自己的人脉关系网更大、更强。

用幽默的话语缔造快乐的人生

荷兰哲学家斯宾诺莎说："快乐不是美德的报酬，而是美德本身。"快乐是一种美德，因为快乐会修养身心、感动他人。人生不是因为锦衣玉食而快乐，而是因为内心纯净、放下生活的负累而变得轻松快乐。

用幽默的话语缔造快乐的人生，人生需要快乐的滋养才会充满希望。同样，话语需要快乐的调节才会充满味道。快乐地沟通，让你的话语充满阳光，你才能收获到阳光。

当你内心空静，不含杂质的时候，你才会发现人生妙处，才会体会到你口才中的那一抹出淤泥而不染了。如果你没有良好的心态，就会变得压抑，就会变得悲愤厌世，这样，处在黑暗中的你将会永远看到人世间的阴暗，变得再也不相信自己、不相信别人了。

有一个卖早点的摊子，摊子的主人是一位长相普通的中年男人，是那种就算把他丢到人海中都很难再找出来的人。但是，他每天早晨卖早点的时候却总有很多人来买，人多的时候，竟然会排起十几人的队伍。而隔壁还有一个早点摊,和他的一样,但为什么却无人问津呢?

原来,长相普通的中年男人非常和善,收到别人一块钱就好像收到别人100块钱一样,总是开怀大笑、千谢万谢。他的快乐情绪感染了所有买早点的人,而就是这样的快乐情绪才让他的生意如此之好。

快乐的心态会影响你的外在,只有拥有快乐心态的人才能把说话之道发挥到极致。就像卖早点的中年男人,每天总是乐呵呵的。他的生活就是无比的精彩,虽然他没有一些人有钱,但是他比别人快乐,他拥有的快乐就是强大的资本,从而比别人快乐、比别人更有人情味、比别人的内心更自由。

快乐的话语是能感染人的,如果你想要拉近和身边人的关系,就应该学会快乐。说话之道的真谛就在于让所有人都感到快乐。大千世界,芸芸众生,我们都在追求梦想,都在追求快乐,但是有些人已经得到了却没有觉察。快乐需要幽默的滋养,展现出幽默的口才,让身边人萦绕在这种气氛中,你才能感觉到生命的律动。

幽默是一种心境,是一种博大的胸怀,是沧海浪逐后礁石边上的一朵浪花,相遇后又会分开,只有浪花激起声会永留于我们的心间,永远不会消散。幽默是乐观人生的一种直观表现,我们可以从中看到一种积极向上的精神,并且会被那种精神所感染。我们都希望看到美好的事物,都希望和乐观的人交往。我们需要快乐,我们想要快乐地过完自己的一生,当然,幽默风趣的人便会为我们营造这样一种氛围。

蜀地多才女,到了宋朝,蜀地出了苏小妹,苏家人都可谓是才高八斗,时下有人作诗云"一门父子三词客,千古文章四大家"。苏小妹平时最大的爱好就是和大哥苏轼比斗才学。每天,二人都会在家里上演口舌之战,而且不分出胜负,他们二人是不肯罢休的。

有一次,苏轼拿苏小妹的长相开玩笑,苏轼形容妹妹的额头突出、眼睛四陷时说:"未出堂前三五步,额头先到画堂前。几回拭泪深难到,留得汪汪两道泉。"

苏小妹看了看哥哥乱蓬蓬的胡须，然后说道："一丛衰草出唇间，须发连鬓耳杳然。口角几回无觅处，忽闻毛里有声传。"

然而，苏小妹还是气不过，女孩就怕他人说自己的容貌不好，于是，苏小妹又看了看哥哥的长脸，继续说道："天平地阔路三千，遥望双眉云汉间；去年一滴相思泪，至今未到耳腮边。"

苏轼听完，当即哈哈大笑起来，两人幽默风趣的语言感染了周围的许多人。

幽默是最能感染人的，千变万化的幽默总是能够深深地打动我们，而千百年来习传至今的各种语言技巧营造了多姿多彩的语言文化，更提供了妙趣横生的表现形式。借用精妙的语言修饰，更能让幽默寓意深刻、出奇制胜。苏轼和苏小妹的一番应答很好地切合了幽默风趣的语言所能表现出的深刻含义。

快乐来源于幽默，来源于乐观的心境。著名作家王蒙说："幽默是一种酸、甜、苦、咸、辣混合的味道。它的味道似乎没有痛苦也没有狂欢，但应该比痛苦和狂欢还耐嚼。"话语中有幽默，才会让我们说出的话语更有力度、更有深意。

在日常生活中，我们总会遇到一些小幽默，尤其是在一些活动中或者朋友聚会时，小小的幽默感会起到非常大的作用，会让本来安静的氛围突然变得热闹起来。幽默之道就是生活之道，我们如果想要乐观快乐地活着，就应该用心去体会生活，让自己的脸上多几抹笑容，有笑容的人生才会更美好，乐观的生活才会给我们一种积极向上的力量。

情调是言语的调味剂

我们常说,夫妻应该相敬如宾、客客气气。但是,如果夫妻之间只是如此,客气得就像"最熟悉的陌生人",那么,生活也就味同嚼蜡、太没生气了。时间一长,彼此的关系就会渐渐疏远,原本令人羡慕的小两口便会在家里打起"冷战"。

情调是言语的调味剂,如果我们不懂情调,不懂得在合适的时候使用富有情调的言语,就会让生活平淡如水,我们不如给生活添加一点儿作料,这样,我们的生活才会变得更加美好。

家庭生活中,俏皮的语言是必不可少的点缀。如果说家庭生活就像一碗汤,家庭之爱像汤里的盐,那么,幽默就是这碗汤里的胡椒面。没了胡椒面,这碗汤的味道就差了许多。所以,融入幽默的家庭生活才更有趣、更美满、更和谐,就像下面这对小夫妻。

郭凯和妻子王倩刚刚结婚不久,两人的生活中充满了各种小幽默。前一段时期的经济危机让王倩失去了工作,每天只好待在家里,于是郭凯有点儿不高兴,说:"你都快变成废物了,却怎么一点儿都不懂得废物利用?"

王倩眨了眨眼睛,说:"就是因为很懂得,所以才嫁给了你。你放心吧,我可不会一辈子指望着你,明天我就让你看看,我这个废物会比你这个废物更抢手!"

妻子的话让郭凯笑了,之前的不快烟消云散。后来又有一天,王倩不小心打碎了盘子,郭凯装出一副生气的面孔说:"哎,你笨得就像一头蠢猪!"

王倩马上回答道:"你这么多年一直跟猪睡在一起,那你是什么东西!"两人就这样说着俏皮话,使感情更加深厚了。

一年后，郭凯因为工作成绩优秀，晋升为部门经理，每天工作都很忙，有时候不免冷落了妻子。当他闲下来时，这才想起一个星期前是妻子的生日，于是他急忙买了一份礼物，然后送给王倩，并说："我问珠宝店的小姐，对上周的生日该送什么礼物好。"

听完这句话，顿时让王倩几天来的不高兴立刻烟消云散。她莞尔一笑，说："我就知道你是个难得买礼物的人。你老是忘了生日和结婚纪念日，看来将来我要请个师傅，把这些日期都文在你的脑门上！"

当然，夫妻之间有时候也会争吵，郭凯和王倩也不例外。在某一次争吵的高潮中，王倩说："天哪，这哪像个家！我再也不能在这样的家里待下去了！"说完，她就拎起自己放衣服的皮箱，夺门冲了出去。

王倩刚走出门，就听见郭凯在身后喊："等等我，咱们一起走！天哪，这样的家有谁能待下去呢！"王倩听完"扑哧"一下笑了，然后放下箱子，一脸微笑地转过身子……

郭凯与王倩的快乐生活，有谁不羡慕呢？所以，我们应该学会幽默，和他们一样，让家庭多充满俏皮与幽默的气氛。

想要让生活充满快乐，我们就必须挖掘生活中的幽默。其实在生活中，幽默随处都在，柴米油盐皆可幽默。但是，两个人步入家庭后，由于锅碗瓢盆、柴米油盐等家庭琐事，往往会造成婚后生活日渐平淡乏味，和恋爱时的浪漫激情形成鲜明的反差。其实，那些都只是表面的现象，其内在的根源在于夫妻双方的心态都发生了变化，因为双方之间过于熟悉而使得生活没有了新鲜的味道。

如果夫妻双方能够改变心态，用心观察生活，那么现实就会截然不同。例如，夫妻双方因为吵架而动了手，事过几天再谈起此事，妻子责怪丈夫太粗鲁，丈夫就可以用幽默来化解："难道做丈夫的就不该摸摸自己妻子的脸？"听到这样的话，妻子也会幽默地进行一番解释："那我就是给你抓脸搔痒！"他们上次打架肯定是有原因的，提起那些话题或许又会引起新的不愉快。而丈夫通过答非所问，在答话的时候巧妙地转移了话题，幽默地为自己打人的行为辩解，这就既避免了新的冲突，又让他们的关系更加和谐。

下面是一些绝妙的"武林秘籍"，供你在家庭生活中使用。

丈夫和朋友出去玩回来得晚，妻子发怒："再喝酒，我们就离婚！3条腿的蛤蟆难找，两条腿的男人满大街都是！"这时候，你不妨这么说："真的啊？其实，我就是你传说中的蛤蟆王子，3条腿的蛤蟆很难找吗？恭喜你！你找到了。"

想让丈夫早点儿回家，妻子不妨这么说："老公，早点儿回来啊，回来晚了街上有女流氓，会对你劫财劫色！"

妻子总抱怨你们之间兴趣不同，这时你可以如此说："老婆，你爱你自己吗？"妻子说："那当然了！"你可以说："我也爱你，这算是咱们的共同爱好吧？"

妻子做了一道好菜，你可以动动心思，换一种方式赞美她："一个人做菜不管好吃不好吃，但只要敢做，就是一个高尚的人、一个纯粹的人、一个有道德的人、一个脱离了低级趣味的人、一个只知道吃的人。"

丈夫运动完，一身臭汗地想拥抱你，你可以说："别了，你现在给我的拥抱可能只有热，没有情。"

夫妻俩吵架，妻子提出要分居，你说："可以啊，咱们在家就能分居，你睡床左边，我睡床右边。"

妻子纠缠不休，你可以说："别闹了，再闹我怒了！"妻子一定会说："你怒了也没办法，你不是敢怒而不敢言吗？"这时，你可以扑上来，亲她一口，说："这次我怒了，我就亲死你！"

不是一家人，不进一家门。爱情就像超市中的商品一样，都是有保质期的，只有不断让爱情焕发新的热度，才能让它永远新鲜。

多一些情调，多说一些俏皮的话，就可以让爱情增值几分，不断为爱情注入新鲜活力，人生才会变得美好。既然能够彼此有缘，一起走到了现在，我们就应该多说俏皮话，这样不仅可以缓和气氛，更可以让另一半感受到自己的爱。所以，俏皮话一定要表现出体贴。只有多一些调剂，你的"围城"城墙才会变得越来越牢固，也只有如此，你的家庭生活才会幸福美满。

"说"出创意
——言谈虽无意,创意在有心

> 人生要不走寻常路才能创造成功,同样地,有创意的言语才能直指人心。如果你总是说别人说过的话语,当这些话传到别人耳朵中,就会像嚼烂了的口香糖,就算再有味道,也会变得索然无味。
>
> 生活中一句不经意的话很可能就会为你带来财富,会让你看到希望。说出创意,让创意随心而发,你才能让身边的人感受到你的与众不同,才能让创意为你带来成功。

赞美出新,"说"出完美

历史上,赞美的话不计其数,但也经不起一次次地被用到,这就如别人嚼过的口香糖,你再拿起来放在嘴里嚼,一定是索然无味的,甚至还会让人感觉恶心。因此,赞美的话也应避开那些陈旧的赞美之词,也得适当地变变花样,不能总是一成不变地用那些过时的或者不新鲜的语言去赞美对方常常被人提起的方面,而应大大赞美其较不为人所知的一面。

我们都喜欢听到赞美之词,但是如果赞美之词流俗,我们的赞美之词就会显得苍白无力,不仅没有达到自己期望的目的,反而会收获到相反的结果。举个例子来说,不少人赞美屡立军功的军人,不论在其军事才能方面怎样赞美他,也只是赞歌中的同一支曲子,不会使他产生自我扩大感。这时,赞美者不妨换换花样,从其他方面入手,比如你对他军事才能以外的地方加以赞赏,等于在赞词中增加了新的内容,他便会感到无比满足。

一位年轻小伙子到同学家去玩,见到同学的哥哥后,上去就对他进行了一番赞美:"大哥你好,见到你真高兴!久闻你的大名,如雷贯耳,真是百闻不如一见!"没想到对方的脸从头红到脖子。原来,他同学的哥哥因打架斗殴蹲了15天的拘留刚出来,这个年轻小伙子根本不明情况就"久闻大名"地恭维了一番,却揭了对方的伤疤,教训甚大。

称赞人想要出彩,就要说到点子上,像上面那位同学的话就非常不可取。如果他能把话说到点子上,并且能让自己的赞美出新,就会让对方感觉到一种前所未有的快乐。

赞美人也得变点儿花样,赞人所未赞而又绝非空穴来风,方能显出赞美者的独到眼光以及与众不同。"喜新厌旧"是人们普遍具有的心理,陈词滥调的赞美只会让人感觉到索然无味;而新颖独特的赞美则会令人回味无穷。

每个人都有一技之长,大家往往都很容易发现这一点,赞美其专长的人也最多。时间长了,被赞美的人听得都腻了,对这方面的赞美不但不起作用,而且非常反感。常言道,好话听三遍,听多了谁都烦。

赞美他人时,如能变点儿花样,在赞美词的运用上攻其不备、出其不意,围绕对方关注的但又不是专长的方面进行赞美,往往能使对方喜出望外,从而使你的赞美收到意想不到的效果。

我们在日常交往中应该注意观察,并且深入挖掘对方的优点,只有这样,我们才能让赞美有新意,才能让自己的说话之道发挥出它本应有的魅力。

如科学家、演员、作家或在某些方面有较突出成就的普通人,他们可能在各自的领域里都颇有建树,而他们在各自领域里所取得的成绩的赞美声也就会不绝于耳。那么,你不妨另辟蹊径,如赞扬他们和谐的家庭生活、他们漂亮的衣着打扮、他们亲切的微笑以及优秀的品格,等等,这样肯定会使他们的喜悦倍增。

1960年,法国总统戴高乐访问美国。在一次尼克松为他举行的宴会上,尼克松夫人费了很大的心思布置了一个美观的鲜花展台,在一张马蹄形的桌子中央,鲜艳夺目的热带鲜花衬托着一个精致的喷泉。

精明的戴高乐将军一眼就看出来这是女主人为了欢迎他的到来而精心设计制作的,不禁脱口称赞道:"夫人为举行这次隆重的宴会一定花了很多时间来进行漂亮、雅致的计划与布置吧!"尼克松夫人听后十分高兴。

事后,尼克松夫人对朋友说:"大多数来访的大人物要么不加注意,要么不屑对此向女主人道谢,而戴高乐将军却总是能想到别人所未想的。"

或许在其他大人物看来,尼克松夫人所布置的鲜花展台只不过是她作为一位总统夫人的分内之事,没有什么值得称道的。但是,戴高乐将军的细心和精明却让他领悟到了尼克松夫人的苦心,并因此向她表示了特别的肯定与感谢,献上了与众不同的赞美,使尼克松夫人异常感动。

赞美人要有点儿新花样,那么这个"新"一定是必不可少的。赞美要有新意才会招人喜爱,才能让受赞美者听了感觉受用。陈词滥调每个人都会说,这样的赞美会引起人的反感,要引起对方注意、让对方认同自己,必须运用别具一格的赞美语言。

人生是一个不断成长进步的过程,你的口才也是如此,你只有不断变换花样,说出具有时代感的赞美之词,你才能真正打动人心,才能体现出与时俱进的时代感,才能让赞美之词变得新鲜,给对方一种耳目一新的感觉。

陈词滥调都是些过时的东西,你要做的就是赋予这些言辞新鲜感,只有这样,你才能说出别人感到新鲜的赞美之词。没有人会喜欢老掉牙的赞美之词,只有能够走进对方心里,能够让对方感觉到你内心的纯净真诚,才能让你达成自己最需要的成功。

灵活应变，增加言语的魅力

人生不是一成不变的，这就需要我们每时每刻都要有危机意识，只有这样，当危机发生的时候，我们才能全力做好自己，不会让自己陷入水深火热之中。如果我们没有准备，只会满头大汗、手足无措，这样只会让我们被突发事件所左右，展现不出自己言语的魅力。

尤其是一些演讲者，在演讲过程中，每时每刻都要面对突如其来的意外情况，这就要求演讲者一定要有心理准备，做到处变不惊、应变自如，用这种方法使自己摆脱困境，避免尴尬的场面出现。例如，当遇到"撞车"现象时，你应当及时调整演讲稿，使自己的观点略加变化、更加新颖。如果有人引用同样的名言或事例，或如前面提到的相同的语句，就应尽快换一个或舍弃不用，以避免雷同以及影响听众对自己的看法。就像下列故事中的小丁这样，一句巧妙的改变就化解了之前的尴尬。

小丁是一名中文系大学生，参加了学校举办的演讲大赛。这次演讲的主题是歌颂祖国大好河山。小丁的讲稿的开篇第一句话引用了歌曲《大中国》中的一句"我们都有一个家，名字叫中国"。

然而，等比赛开始时，小丁却被突发状况打得措手不及。原来，在他前面的一位演讲者竟然也用了同样的语言。

一下子，在后台的小丁满头是汗，不知怎么是好。临时改词和下面的内容衔接不上，时间又很短，一时间又难以想出什么别的词来，这可怎么办呢？

容不得小丁多想，已经轮到他上台了。这时，他灵机一动，想出了对策。他从容地走上台，开始了自己的演讲："前面的那位同学刚才提到了一首歌，歌中唱道'我们都有一个家，名字叫中国'……"

在接下来的演讲中，小丁发挥得非常出色，赢得了阵阵掌声，最后取得了演讲比赛的冠军。而评委们在点评时也做出了这样的评论："与其他同学相比，小丁同学没有照本宣科，不是一味地依照演讲稿，而是加入了临场发挥的成分。就这一点来看，他的演讲是非常成功的。"

小丁听完点评后畅快地吐了口气。他很庆幸自己的随机应变帮了自己很大的忙。

小丁就是我们学习的榜样。保持冷静，巧妙利用上一位演讲者的语句就能让你摆脱尴尬。演讲不同于平常聊天，我们调整的速度一定要快，尽量做到用一句话解决问题，否则，"吭哧吭哧"地解释，只会让听众感到反感。观众的冷漠与不满，就预示着你的演讲失败。

不仅是"撞车"，演讲中的突发事件还有很多，例如忘词，这是不少初次登演讲台的人经常犯的毛病。的确，演讲者要面对成百上千的听众，紧张在所难免，一看到台下的听众就开始冒汗，说起话来声音发颤。紧张造成的一个常见的结果就是忘词，讲着讲着就把下面的词给忘了，感觉词好像就在嘴边儿上，却说什么也想不起来。

面对这样的情形，很多演讲者往往都表现出了"短路"，愣在原地不知如何是好，更有甚者抓耳挠腮、不知所措。

其实，忘词是演讲中非常正常的事情，即使一些演讲专家都会出现这样的情况。但是，他们却懂得如何巧妙应对。首先不要太急，稳住心神，更不能有抓耳挠腮等有损风度的小动作出现。

接下来，你要开动脑筋，继续讲述自己的话题，说得通俗一点儿就是往下"编词儿"。一般来说，忘了台词在台上很难想起来，所以只能另择词汇，顺着你的意思把它接下去，直到你记起下面的词来。例如，当你要讲述见习工作经验时，你却忘了要说什么，这时候就不妨"编造"："实习期间，我获得了很多收获，这不仅有工作上的，更有'感情'上的。"通过这样一句过渡话语，你就能想起原本的演讲内容，远比呆呆地愣在台上要好得多。

演讲台上的突发情况还有很多，这都要求你沉着冷静，用一句话摆脱尴尬。而下面的这两种情形更应当引起你的注意。

对于一些大会场,例如学校礼堂、全市表彰大会,由于听众较多,所以很有可能出现混乱的局面。这个时候,演讲者一定要善于以特殊的方式吸引听众的注意力,使会场平静下来。

北京某大学正在举行演讲比赛,但是头几位上场的同学却都有这样或那样的失误,结果让听众听得很乏味,提不起兴致,在台下交头接耳地议论。甚至有一些同学还起身离开,一时间场面十分混乱。

就在这个时候,一个演讲者走上台,他显得不卑不亢,先向听众鞠了一个躬,接着拿起麦克风大声地说道:"大家好!我叫xx,我演讲的题目是xx。"因为几位选手的开场白都很相似,所以他也没引起听众的任何兴趣,从而使得听众们依旧在下面议论。

不过,这位演讲者接下来的话却令大家大吃一惊:"看到同学们很热情,我很高兴。也许大家有什么需要讨论,那么我等大家结束后再开始。"说完,他面带微笑,出神地盯住台下的一位评委,一动不动。

听众们一时惊讶了,纷纷停住嘴看着台上的他。这时候,礼堂里安静下来了,演讲者这才收回目光,开始自己的演讲。很自然地,他赢得了最热烈的掌声。

无独有偶,有一年,达尔文正在进行演讲。突然,一个年轻漂亮的女士站了起来,她有些高傲,话里透出了嘲讽:"照您的理论,人类是由猴子变来的。这理论用到您身上还是很可信的,难道我也属于您的论断之列吗?"

一下子,全场听众都笑了起来。达尔文自然明白,这位女士是要让自己出丑,但是他并没有慌张,而是说:"那当然了。不过您不是由普通的猴子变来的,而是由长得非常漂亮的猴子变来的。"

话音刚落,全场爆发出了热烈的掌声,而那个女士也满脸通红地坐下了。

演讲中会遇到各种各样的情况,这就要求我们有灵活的头脑和不断变化的思维能力。面对各种情况,演讲者千万不要置之不理,否则听众会以为你在"摆谱"。你必须回答提问者的问题,但必须干净利落、言简意赅,以含蓄深刻、简短有力的回答体现演讲者非凡的智慧和应变能力。

　　说话之道就在于灵活多变，多数时候，多数人是不会按照套路出牌的，他们会选择剑走偏锋，这就要求我们多经历、多积累，这样，再困难的问题也能被我们轻松解决掉。

照顾别人的面子，用恰切的言辞创造未来

　　你在拒绝别人的时候，所使用的语言要实在，这样会减少拒绝别人所带来的尴尬。比如在舞场上，别人好意邀请你，而你内心实在不想跟他跳，那就可以用"我累了，想休息一下"这样的托词拒绝别人。运用如此合情合理的借口、托词，既可以达到拒绝别人的目的，又可以获得别人的谅解而不伤及别人的自尊心。

　　"这个没人干的闲差和销售总经理比起来，我能有什么盼头……"一位中年人说。

　　故事发生在1947年的一天，那时小沃森刚刚接管公司的工作，成为IBM的第二任总裁。

　　说出"没有盼头"之话的中年人叫伯肯斯托克，是IBM公司未来需求部的负责人。他是当时刚刚去世的IBM公司二把手柯克的好友，而柯克以前又和小沃森是对头。所以，伯肯斯托克理所当然地认为柯克死后，小沃森肯定不会放过他，与其被人赶走，还不如主动辞职，来个痛快。

　　伯肯斯托克就是抓住了小沃森和他父亲一样脾气暴躁、很要面子的特点，准备来到他的办公室故意当面向他发火。这样，在辞职前也算是出了一口恶气。

　　奇怪的是，当伯肯斯托克说着那样"没有盼头"的挑衅的话而走进总裁办公室时，小沃森却显得平静，一脸微笑地看着他，这反倒让伯肯斯托克有

点儿紧张了,一时间他没有言语,不知所措。

小沃森趁势说:"如果你真行,那么,不仅在柯克手下,在我、我父亲手下都能成功。如果你认为这样做不公平,那么你就走;否则你应该留下,因为这里有许多机遇。"

"……"

"如果是我遇到现在的情况,理智会让我最终决定留下来。"

伯肯斯托克愣了一下,继续嚷嚷道:"我刚才的话你没有听见?"

小沃森没有回答,仿佛真的没有听见似的。实际上,小沃森几乎已经达到了"沸点",但他同时深深地明白,伯肯斯托克是个不可多得的人才,有他在,公司就握住了一份有力的资源。所以,小沃森竭尽全力地去挽留他。

事实证明,留下伯肯斯托克是正确的,他甚至比刚去世的柯克还要精明能干。在促使IBM从事计算机生产方面,伯肯斯托克作出了不可磨灭的贡献:当小沃森极力劝说老沃森及IBM其他高级负责人赶快投入计算机行业时,公司总部里的支持者相当少,而伯肯斯托克全力支持他。伯肯斯托克对小沃森说:"打孔机注定要被淘汰,假定我们不觉醒,尽快研制电子计算机,IBM就要灭亡。"

小沃森相信他说的话是对的。小沃森与伯肯斯托克联手,为IBM立下了汗马功劳。小沃森在他的回忆中还曾写下这样一句话:"在柯克死后挽留伯肯斯托克,是我有史以来所采取的最出色的行动之一。"

小沃森不但挽留了伯肯斯托克,后来还陆续提拔了一批他并不喜欢却有真才实学的人。

小沃森早就料到了伯肯斯托克会辞职,他没有选择直接拒绝,而是委婉地挽留他,这样的容人之量,展现出的正是小沃森的精明之处,他容下了伯肯斯托克,挽留住了人才,进而借助他人的力量成就了自己的一番事业。

放下自己的面子,照顾到别人的面子,我们才能靠良好的沟通得到未来,而这就要求我们要有容人之量,不要试图撕下自己的脸皮。古今中外,大凡成大事者莫不是以大胸怀掌握住了大局面:齐桓公不计管仲一箭之仇,拜其为上大夫,管理国政而成就霸业;李世民发动玄武门之变,不计魏征曾谏言谋害自己之前嫌,重用魏征,从而治国安邦、贞观长歌。

照顾别人的面子,换种角度说就是照顾自己的面子,这就要求说出的话语要严丝合缝,只有这样,你才能避免疏漏,让对方体会到你的良苦用心。诚然,直来直去,说话不经过大脑,说出去的话令我们感觉方便,但是这样的话语中会掺杂着各种各样的刺儿,作为说话者,我们虽然感到轻松,但是听我们说话的对方却会不舒服。

在拒绝他人的时候,你找的托词要一定周密,避免自己弄拙出错,否则,别人不仅会因为你的拒绝而恼怒,更会因为你的欺骗而记恨。周密的托词能使借口变得更加有力而且还避免对方将矛头指向你,让别人明白另有原因。

一个年轻的物资销售员经常外出应酬,长此以往,他觉得自己的身体每况愈下,已不能再像以前那样喝太多的酒了。可应酬中又是免不了要喝酒的,怎么办呢?后来他想到一个妙计,每当客户劝他多喝点儿的时候,他便诙谐地说:"诸位仁兄还不知道吧,我家里那位可是一只母老虎,我这么酒气熏天地回去,万一她'河东狮吼'起来,我还不得跪搓衣板啊?"他这么一说,客户觉得他既诚恳又可爱,自然就不再多劝了。

像这样把要摆出的借口"嫁祸"到他人头上,这样一来也就不会出现将自己弄拙的问题了。

此外,借口托词要妥帖,避免别人生怨。事物总是多侧面、多层次的,从不同角度、不同着眼点看同一件事物,结论会大不一样。改变评价事物的标准,可以找到自己需要的借口。

很多时候,对方与我们反目成仇,并非完全是由于我们拒绝了他,而更多的是我们拒绝的语言和方式伤害了他。

人活一世,说不定什么时候就需要他人施以援手,所以,多一个对手绝对不是什么好事。人际交往短程中,借口的作用不可小觑,无论是个人隐私还是社会活动,适当功妙的借口会成为人际交往的润滑剂,有助于办事圆满成功,我们避免不了拒绝的发生,却可以在拒绝时采用适当并合乎情理的借口,从而最大限度地避免因为拒绝而树敌。

用沉默巧妙地拒绝他人

有一个人在谈恋爱的时候,他一到没词的时候就会傻笑,这样的做法帮助他摆脱了很多困境,而现在,他已经和爱人步入了婚姻的殿堂。我们经常会遇到说话滔滔不绝的人,也经常会遇到话语非常尖锐的人,这时就需要我们示弱,学会转移角度,不要让唇枪舌剑砸到我们身上。

如果我们一开始就没搞明白别人的请求,那么,别人还会继续对我们提出请求吗?我们还用得着为如何拒绝别人而伤脑筋吗?所以,在别人有求于你而你又无力办到的时候,你不妨以沉默表示你根本搞不懂别人在说什么。这一招虽然有损形象,但是非常有效,可以说是"妙"用无穷。

在有的场合,别人提出的要求、问题,不管你怎样处理都会引起麻烦,而如果不作出回应的话,也同样不利于己,这时不妨佯装没有听见、没有看到。你大可以找出种种原因表示你没有听见或者听不清别人说话,或者干脆在需要表态的时候沉默以对,这样别人只能无奈地放弃请求。

对于他人的一些无理要求,你无法做到的就要学会沉默应答。其实,沉默的时候,不光是要闭紧嘴巴,还要综合运用目光、神态、表情、动作等各种因素或明或暗地表达自己的思想感情。沉默地拒绝具有丰富的内涵,作用也十分明显,用沉默去拒绝他人不会引起冲突。冲突的产生一定是有来言与去语的,只有一个人说话的时候是绝对吵不起来的。通常,当人们碰壁的时候难免不快。而保持沉默就可以避免把不快上升到争吵,可以保全对方的面子,而且也可以显示出你的豁达大度和良好的修养。

徐庶、诸葛亮、庞统3人都曾拜在水镜先生门下。后来,徐庶投到了刘备帐下,曹操以徐庶老母病重为由,把他骗回了魏国。这才有了后来的"徐庶回马荐诸葛",等到了魏国之后,徐庶才发现自己被骗了。自此之后,徐庶发誓再也不会为魏国献出一条计策。不管曹操问什么,徐庶只是耸耸肩,微笑一下,什么都不说。

虽然如此,但是徐庶在曹营这么多年,终究没有得罪任何人,没有和任何人撕下过脸皮,正因为这样,徐庶才得以保全自己。

徐庶的成功在于他数十年如一日地坚持保持沉默,正因为这样,徐庶才能躲过重重灾难而保全自己。徐庶选择沉默,为的是坚守自己的原则,正因为这样,他才会得到古往今来人们的敬重。

沉默的力量不仅如此,它还可以用作暗示性表态。沉默在有时候是模糊语言,不置可否,但在特定的背景下,其实就是明确表态。如果对方提出一种意见或处理办法,而你却不敢苟同,但出于全面平衡关系考虑,你又不能明确反对,这时的沉默看似不偏不倚,但聪明人却可意会神通,知道自己的要求令你为难,十有八九办不成,其实沉默就是不同意、不支持。此时彼此心照不宣,也不用固执己见、伤了和气。

沉默就是把自己降到底端,避免成为他人的指责对象。它是一个人在不方便接受回绝的情况下使用含糊的语言或者假装糊涂的方式回避请托人,这种方法不仅可以化解求助双方之间的尴尬,还能收到最好的为人处世的最佳效果。

生活中,我们总要面对各种各样的人和事,这其中有许多积极的,也会有许多消极的;有符合自己意愿的,也有不符合自己意愿;有我们赞成的,也有我们反对的;有我们乐意接受的,也有我们需要拒绝的。究竟如何处理这些事情就构成了我们日常生活的主要内容,并影响我们生活的方方面面。

多数时候,我们需要的就是沉默,只有这样,不去争辩,我们才能避免灾祸殃及自身。人生总是要面临无数的选择,是沉默还是去争辩,这是一个大问题。争辩是一种非常大的冒险行为,因为我们不知道争辩之后会给我们带来什么样的结果,所以选择沉默是一种理智的行为。必要的时候学会沉默,只要我们运用得法,就完全可以让对方知难而退。

正话反说，问题才会简而化之

清代诗人袁枚在《随园诗话》中说得好："作人贵直，作诗文贵曲。""正话反说"便是"作诗文贵曲"的一种方式。何谓"正话反说"？就是本意是要表现正面的意图，如歌颂、肯定等，但言语表面的意思则恰恰相反，或否定正面，或肯定反面。说之道就在于要说出创意，不要总是按套路出牌，按套路出牌，很可能会让身边人厌烦。

想要让问题简而化之，就要顺着对方说话，挑对方喜欢听的话对对方说，就算你要说的话会让对方感到厌烦，你也要学会变换角度，找到让对方易接受的说话方式。说之道在于说出自己的特色来，尤其是想要说服对方时，你就更要讲究策略了，在说之道中，正话反说是说服人的最佳方式。

在进行游说时，若正面开导与说服不能使之振奋、顺从时，不妨有意识地正话反说。它重在反衬，比直接谏言显得更加幽默、更有力度。如果运用得当，往往能收到良好的游说效果，让人回味无穷。

五代时期，后唐的开国皇帝是庄宗，名叫李存勖。他用武力推翻后梁政权后建立了后唐政权。这时候天下太平，这位好战的皇帝感到英雄无用武之地，于是感到非常无聊、非常寂寞。

过了一段时间，百无聊赖的李存勖终于找到了一个打发时间的办法，那就是打猎。打猎虽然没有打仗的那种沙场风气，但是骑马、弯弓射箭以及马匹纵跃后荡起的尘土让他有了一种沙场征战的感觉，别有一番滋味。

一次，李存勖的兴致上来了，便骑马打猎，一直打到了中牟县。他纵马驰骋，马匹践踏了很多百姓的庄稼，但是李存勖根本不在乎。中牟县的百姓们倒了大霉，却都是敢怒不敢言，只好去找县令。

于是，中牟县县令为民请命，拦住了李存勖的马，想要劝阻。没想到，县令刚一开口,就被李存勖下令要将其斩首示众。随行大臣纷纷战战兢兢,没有一个敢再来劝阻。

过了不久,有一个叫敬新磨的伶人从李存勖后面转到马的前面,并且立即率人追回要被砍头的县令,押到李存勖面前,假装愤怒地指责县令道:"你身为一个小小的县官,难道还不知道我们的天子喜欢打猎吗?为什么要求老百姓种庄稼来交纳国家的赋税呢?为什么不让老百姓空着田地饿肚子呢?为什么不让这些土地空着来让天子打猎取乐呢?你真是罪不可赦啊!"

发泄完怒火之后,敬新磨大声请李存勖对中牟县令行刑,其他伶人也随声附和。李存勖明白了敬新磨的用意,也意识到了自己的过错,于是哈哈一笑便纵马回宫了,并免了中牟县令的罪责,让他回府去了。

敬新磨对庄宗李存勖的这一段谏言可谓奇特,正话反说、指东说西,本来说的是县令的罪责,实际矛头指的都是李存勖的过失。这样一来,李存勖也明白了敬新磨的苦心,非常高兴地接受了他的意见,免除了对县令的刑罚。

在指责他人错误的时候,要善于变通自己的说话方式。正说不行,不妨逆道而行,从反面巧妙地指出他们的错,这样才能让问题得以解决,达到你说话的最终目的。

在现实生活中,不免有一些或高傲或固执的人,他们不愿意接受别人的意见或批评。此时如果使用激烈的言辞单刀直入地进谏,往往会引起对方的反感,更别说接受你的意见了。而正话反说作为一种委婉的劝谏方法,虽不言明,却能起到一种影射的效果,让对方慢慢领悟,思考怎么做才是对的,然后心平气和地接受意见。在人际关系复杂的现代社会中,你更需要这种智慧,从而达到最佳的劝谏效果。

想要说服别人,让自己的话语变得顺耳,就应该学会借力打力。当别人正在说得逸兴遄飞之时,你要做的就是在对方观点的基础上接着再去攻击对方,只有这样,你才能让对方拜倒在你言语的力量下。不要以为这种说服方式只存在于故事中,在中国的历史长河之中,我们经常可以见到。

东汉哲学家王充是著名的无神论者，经常和有迷信思想的人发生激烈的争辩。而他正是通过自己的口才，让一个又一个顽固的人对他甘拜下风。

有一次，王充又和几个人因为"鬼魂"的话题争起来了。一个人说："人死了，人的灵魂就变成了鬼。鬼的样子和穿戴跟人活着的时候一模一样。"说完，其他人也点头表示同意。

这时候，王充反驳道："哦？是吗？我可不相信！"

那几个人说："你凭什么不信！有本事你说出理由！"

王充说："照你们的理论，一个人死后，灵魂能变成鬼，难道他穿的衣服也有灵魂，也变成了鬼吗？按照你们的思维，衣服是没有精神的，不会变成鬼，如果真的看见了鬼，那它该是赤身裸体、一丝不挂才对，怎么还穿着衣服呢？并且，从古到今，不知几千年了，死去的人比现在活着的人不知多多少倍，如果人死了就变成鬼，就应该看到几百万、几千万的鬼，满屋子、满院子都是，连大街小巷都挤满了鬼。可是，有几个人见过鬼呢？那些说见过鬼的也说只见过一两个，这样你们的说法不就自相矛盾了吗？"

王充的话让他们不知如何回答。这时，一个人辩解道："哪有死了都变成鬼的？只有死的时候心里有怨气、精神没散掉的才能变成鬼。古书上不是记载过，春秋时候，吴王夫差把伍子胥放在锅里煮了，又扔到江里。伍子胥含冤而死，心里有怨气而变成了鬼，所以每年秋天掀起潮水，以发泄他的愤怒。这不就是很好的证明吗？"

王充笑了笑，说："可是，你们不要忘了，伍子胥的仇人是吴王夫差。吴国早就灭亡了，吴王夫差也早就死了，伍子胥还跟谁做冤家、生谁的气呢？伍子胥如果真的变成了鬼，有掀起大潮的力量，那么他在大锅里的时候为什么不使出掀大潮的劲儿，把那一锅滚水泼在吴王夫差的身上呢？"

一下子，那几个人彻底哑口无言了，有几个人还当场赞同了王充的看法，成为了无神论者。

王充能够用几句话就改变了一部分人的固执思维，关键就在于他运用了"以彼之矛攻彼之盾"的办法，用他们自己的话攻击他们自己的观点，给了论敌当头一棒,使他们瞠目结舌,不得不认同王充的观点。

摆事实、讲道理未尝不可,关键是要先顺着对方的语气说,把自己的话先藏在心底,正话反说,不要触碰对方的敏感点,等到对方被你引入到你独特的沟通模式时,再去按照自己的套路去说服对方,这样就变得非常容易了。

想要让自己的话语更有杀伤力,就应该把事情分析得更透彻,找到对方的矛盾点,让对方自相矛盾,这样,对方才会认可你的观点。说话之道关键就在于你能够随机应变,当问题出现时能够对症下药,问题才会变得简单易解决。

想要说服别人,就要先学会说服自己,要使自己的话语有创意,我们找到让对方接受的话语,然后按照对方喜欢的方式说出来,这样,对方选择接受也就成了顺理成章的事情了。

"说"出商机

——商机无限，关键要看怎么说

> 营销者想要让客户心甘情愿地购买商品，靠的就是行之有效的分析，靠的就是沟通。与客户多沟通，客户才会感觉到你对他们的重视。客户是上帝，你只有奉献出最贴心的服务、最贴心的话语，才能让客户选择购买。
>
> 睿智的人才会"说"出商机，才会让客户心甘情愿地去购买。商机无限，关键要看怎么说。有一颗重视营销的心，再加上一张灵活机变的嘴，你才能让交易快速达成。

说出心得，商机就在眼前

我们每个人或多或少都会存有自私心理。但是在营销过程中，如果我们不愿意分享自己的心得，只会让客户认为你没有诚意，总是在遮掩，与其如此，你何不放下戒心和客户分享心得，这样他们才会感觉到你的诚意。

客户是上帝，想要让他们达成购买协议，就要学会用心去分享。客户掌握着购买的主动权，他可以选择买或者不买，这就需要你摆正心态，不要总是有欺骗客户的想法。在一定程度上，客户对产品要比我们更迫切希望了解它，所以你要展现最真实的商品，让客户放心。

想要让公司持久发展下去，想要让业绩提升上去，最重要的就是留住老客户，开发新客户。客户是商品的终端，如果没有他们的支持，商品的价值就会消失,企业业绩就会下降,到最后,你会因为没有诚信、没有分享心得而失去一切。对客户要分享,对员工也是一样,如果你总是欺骗客户,总是一副漠不关心的态度,只会让客户和员工心寒。学会分享,才能形成一种氛围,才能一传十、十传百,才会解决一切问题。

孙强是一家公司业务部门的主管,他每次看到同事时总是板着脸,像是石膏像一样面无表情,显得非常严肃。员工看到孙强总是避而远之,不是不想,而是不敢向他靠近。孙强对员工布置任务的时候,员工总是没有任何意见就服从了,但是结果却往往大有出入。

刚开始的时候,孙强觉得摆出一副冷峻的表情更能让员工感觉到自己的威信,但是时间一长,孙强发现,自己的刻板损害的不仅是员工的利益,更是公司发展的长远利益。于是,孙强决定及时调整自己,把自己的工作经验与员工分享,不仅如此,他还及时听取员工的意见,让双方分享工作中的得失,共同促进、共同发展。

这样一来,公司内部就团结了,拧成了一股绳,公司上下一心,其利自然就能断金了。

分享就是要让每个人都得到好处。不懂得分享的人在他遇到困难的时候也会渴望得到别人的帮助,但是往往对方早已反感他的为人,根本就不愿相助。我们要做的就是注重每个分享的细节,只要别人需要,你就要用言语表述出来,这样别人才会认可你、亲近你。

在职场与营销中,分享是一种美德,更是一种铺垫。当你与别人分享的时候,别人才会看到你的真善美。很多人只想让客户主动成交,但是却不做任何事情,这样只会让他们失去一切。

人都是有感情的动物,有付出才会有得到,对待客户就更应该如此了,客户需要全方位了解商品,而你需要的就是说出你的心得,而这也需要你良好的口才,才能把客户吸引过来。

有一位销售人员想要推销一种教室黑板照明设备给一所中学,但是,虽然和这所中学沟通了很多次,每次都是无功而返,这让销售员非常不满意。

经过一番分析，销售员就想让客户真正参与到自己产品的销售中来，这样客户就能对产品的性能进行全面分析，进而作出正确的判断。销售员认为，体验式销售一定能收到更好的效果。

于是，这名销售员就来到了这家中学，他带来了一根细铁棍，他走到教室黑板前，并且叫来了这所中学的校长和老师，让校长双手分别攥着铁棍的两端。

销售员说："各位老师，你们请看，如果校长用力弯这根细铁棍，那么细铁棍就会弯曲，直至折断。这就像学生们的眼睛，如果超过了他们的眼睛能承受的光亮范围，他们的视力就会减弱，最后导致近视，等到近视出现了，花再多的钱也换不回来。"

最后，经过分析之后，销售员如愿以偿地获得了这所中学的认可，拿到了这笔大订单。

这所中学之所以不同意购买黑板照明设备，不是因为他们不愿意花钱，而是因为他们对产品的性能不了解，不知道产品的真正优势在哪儿、效果怎么样，如此一来，购买欲望根本就不会强烈，进而选择了拒绝。在销售人员一番生动形象的解说后，他们的思想终于发生了转变。可见在推销过程中需要充分地发挥说话的艺术。

营销者要做的就是要走进客户的心里，他们需要什么，你就要为他们提供什么，说出你的心得，这样客户才会体会到你的良苦用心，才会接受你的产品。

利用二八法则,用言语抓住大客户

1897年,意大利经济学家维尔弗雷德·帕累托在积累了多年的经验后,对当时英格兰地区的财富和收入的分配模式进行了仔细的研究,经过一段时间的计算,帕累托发现20%的人占据着全部财富和收入的80%。

发现这个结论后,帕累托感到非常惊讶,他忽然明白,重要的东西只占少数,而次要的东西却是占大多数。如果以此来分析一件事情的话,重要的事情只是少部分,而其他的只是细枝末节的东西。这就好比做一件事情,只要抓住主要矛盾就足够了,不用去顾及对这件事情影响甚微的次要矛盾。

帕累托的发现证明了一件事情的成败主要是由少数关键因素决定的,只要掌握这些少数因素就能掌控全局。经过多年的改进,这个原理成为了现代经济学上非常著名的"二八法则"。

二八法则主要阐述了决定性因素只是占少数,做事情不能舍本逐末,这样反而会抓不住重点,让机会从身边凭空溜走。抓住主要矛盾,具体分析其中的利弊,然后作出决定,利用你的优秀口才进而收获到最好的效果。

营销也是如此,你不能丢了西瓜捡芝麻,更不能抓不住重点,眉毛胡子一把抓,这样很容易把简单的问题复杂化。在营销过程中,你要率先分析出哪些是大客户、哪些是小客户;哪些是潜在客户、哪些是长期客户……不能把所有客户都简单地归于一类,因为他们在你营销的过程中起的作用是千差万别的,如果划归一类,只会让你需要这些客户资源的时候一团乱麻。

做营销就要讲求高效,若想抓住大客户,就要用恰切的言语发展和他们的关系,让他们体会到你的诚意,进而同进同退,取得互利共赢的大发展。

我们常常会因为不经意地侧重小客户而流失掉一些大客户,这是得不偿失的,我们要做的就是在客户资源中分析出每个客户的潜在价值,真正做到快而有效地解决问题。

　　肥水不流外人田。遇见大客户就要果断抓住,不能让他们轻易溜走。那么要怎样抓住大客户呢?商业营销脱离不了利益关系,首先要做的就是晓以利害,让大客户看到跟你合作要比跟别人合作获益更多。只有这样,他们才不会打退堂鼓,心里也就会对你增加一种好感。

　　利用说话的能力抓住大客户,但是阐明诚意时要自然,不能逼大客户太紧,不然就会让大客户产生逆反心理,脱离你的掌控。对待大客户一定要循序渐进,抓住他们需要的关键所在,这样才能收到事半功倍的效果。

　　选对大客户人群是非常重要的准备阶段,找对之后,你才能发挥出说话的能力。如果没有前面的铺垫,你就不能让说话发挥威力了。做营销的时候,你要学会客观分析,而不是只看表面现象,表面现象只会麻痹你的神经,进而让你作出错误的判断。

　　大客户有些是可遇不可求的,如果抓住了他们,就像是抓住了主要矛盾,这些大客户不仅会给你带来经济价值,而且会给你带来潜在发展空间。这些大客户必然是有些经济实力和影响力的,与他们的合作必然会给你树立起良好的口碑,其他小客户也会跟从这种风向的引导,选择和你合作。

　　二八法则就像经济学中的一道独特的风景,你不知道它从何处而来,也不知道它要往何处而去,但只要你运用它,你将收到事半功倍的效果;摒弃它,你将收到事倍功半的恶果。二八法则的正确性是毋庸置疑的,世界上很多大公司都非常重视二八法则,并且能够灵活地运用,加上言语的魅力从而让那些企业取得了今天这样辉煌的成绩。

"说"出共识
——志同而道合,才能与之谋

> 道不同,不相为谋,志同而道合,才能与之谋。懂得思考、深谙人心,才能"说"出共识。话不投机半句多,世界上没有任何一个人会愿意和一个话不投机的人成为朋友。
>
> 想要和身边人成为朋友,就要敢于说,而且还要会说,只有这样,你才能让对方看到你的真诚。说一些让对方感到温暖的话语,对方才会愿意向你靠近,才会愿意和你成为朋友。

首因效应,让你的口才开启成功之门

人际交往中,初次见面的几分钟,就会给彼此留下第一印象,所以你必须重视这几分钟,也许正是在这几分钟里决定一件事情的成败。如果你给人留下的第一印象是彬彬有礼、举止谦和,就会让对方感觉到一种久违了的亲切感,这样你再切入正题就会容易很多。如果你初次和他人见面就自顾自地滔滔不绝或者目中无人,对方就会感觉你浮躁,很难相处,最后,很有可能第一次见面就成了最后一次见面。

与他人初次见面,因为还没有与对方进行进一步的深入了解,所以外在的言行举止就显得尤为重要。心理学上有一个著名的效应名叫"首因效应",又被人称作"第一印象"效应。这种效应说明第一印象往往会影响到他人对一个人的深入评价。如果你与他人初次见面,你的言行举止非常不得体,虽然对方对你的态度会随着两个人交往的不断深入而改变,但是第一印象的影响却是非常深远的,一般不会因为交往深入而完全散去。

想要打动人,你的口才很重要。用"说"打动人心,用"说"开启成功之门。你的口才就是你人生未来发展方向的标杆,只有展现出"说"的能力,你才能够得到人心,才能够在人生长路上走得更远。

在一次大型招聘会上,一个大学应届毕业生走到某知名机械制造公司的桌子前问道:"请问你们需要一个好的技术员吗?"言语中透着自信,显然自己就是那个"好技术员"。

"不需要。"招聘者回答得很干脆,心想一个毛头小伙子能是什么好技术员。

"那么,你们需要一个好工人呢?"这个大学生明显没有放弃的意思,语言还是那么自信。

"不需要。"招聘者的态度也很坚决。

"那么你们需要一个门卫呢?"大学生还是不放弃。

"不需要。"招聘者还是那样坚决。

"那么,你们一定需要这个。"大学生从公文包里拿出一个硬纸做的三角形牌子,上面写着"暂不招人"。

招聘者笑了,他很欣赏这个大学生的口才、自信和创造力,通过一番交谈后,大学生进入了这家大型公司的销售部。

若是这位大学生也像一般求职者那样在遭到拒绝后浅尝辄止、扭头就走,那么他就失去了这次机会;若是他也像一般求职者那样在求职时见面就投自己的简历,那么招聘者也会象征性地翻一下简历,然后告诉他回去等消息了,最终的结果是他仍然会失去这次机会。大学生很聪明地在三言两语当中展示了自己的口才、幽默、自信和创造力,当然,那块牌子是整个对话的亮点,没有那块牌子,前面的对话就都成了废话,相应地,正是那块写着"暂不招人"的牌子让之前的对话统统成了大学生展示自己才华的武器,并成功地给对方留下了非常好的第一印象。

与人交往时,你的言行举止非常重要,虽然无法让人对你做出一个系统的评价,但是至少能给他人留下一个好印象,这样,你与他人的接触就会顺利多了。有人会说第一印象就是花瓶印象,漂亮帅气的人就一定会有好人缘,丑陋的人就一定被人厌恶。其实,这种认识是片面的,如果你举止大方、言行得体,就算是《巴黎圣母院》中的敲钟人卡西莫多也会让人心生好感。良好的举止是与人交往的前提,是你结交到朋友的重要保证。

于洪是一家咨询公司的主管,多年的营销经验让他养成了遇人搭讪的好习惯,有时候就是不经意的闲聊,客户就出现了。

有一次,于洪受公司的委派去外地出差。当他登上飞机的时候,发现自己的位子被别人占了,于是就主动和那人打招呼:"你好,你坐的位子好像是我的!"但是那人却是面无表情,把脸侧了过去,没有答理于洪。

飞机马上要起飞了,但是那人仍然没有丝毫让座的意思,于洪看他表情冷漠,肯定是遭受到了什么打击,于洪认为他有困难,这为自己认识他提供了一个很好的机会。

于洪正在思考怎么和那个人交流,没想到那个人却叹了一口气,接着于洪也跟着他叹了一口气,于是那人就把头转了过来。

于洪看他把头转过来了就问他:"先生,您有什么烦心事啊?怎么叹气啊?"

于洪看他对自己没有了反感,就继续说:"时间还挺长的,不如我们先聊聊吧!把烦心事说出来,说不定我能帮您解决呢?"

那人就说:"我是深圳一家模具公司的老板,现在深圳模具的竞争越来越激烈,我们公司已经3个月入不敷出了,现在公司已经是在苟延残喘,如果再没有办法,就要关门大吉了。"

于洪说:"那您不在深圳想办法,来北京干什么?"

那人说:"我还能来干什么?我来这里找人咨询啊!公司运营了5年,从来没有遇到像今天这样棘手的情况。现在,问题来了,挡也挡不住,听说北京的咨询公司应该比较有经验,我就想来咨询咨询,希望能让我的公司扭亏为盈,继续走上正轨。"

于洪问:"那你联系到咨询公司了吗?"

那人回答说:"还没有。"

于洪顿时感觉机会来了,马上拿出一张名片:"我是北京一家咨询公司的主管,我们可以先沟通一下吧!"

那人同意了,对于洪非常满意,和他签订了3天的咨询合同。

于洪的成功就在于他善于主动出击,而不是坐以待毙。在飞机上,通过细心地观察、一次不经意的谈话,就找到了自己的潜在客户,然后抓住他,从而让他成为了于洪的真正客户。

主动出击,让你的话语为你获取成功的方向。多去交流、多去沟通,和陌生人也是如此,一回生,二回熟,当你主动和对方沟通的时候,展现出你的气度和得体的话语,这样对方才会对你心生好感,才会愿意和你成为朋友。

要知道,想打动一个陌生人,光靠行动是不够的,还需要运用良好的言语沟通方式,只有通过沟通与陌生人变得熟络起来,你才能做好一切。抓住陌生人的喜好,然后竭尽所能展现出语言的魅力,你才能把陌生人变成熟人、变成朋友。

换位思考，让矛盾在言谈中冰释

　　心理学上说，换位思考就是要求我们无条件地爱人。矛盾的产生主要就是因为人们之间的需求发生了冲突，而解决矛盾的方法也需要我们对症下药，从对方的需求入手，这样我们才能用言谈化解矛盾。

　　想要化解矛盾，就要"说"出风趣，这样就算两个人之间有再大的矛盾，也会冰释前嫌。想要让冲突消散于无形，就要学会以言语打动人心。人与人交往，就注定问题发生之不可避免，问题的发生只是给了我们发扬沟通的魅力的机会。懂得换位思考，幽默一些，我们才能让所有冲突消散于无形。

　　在人际交往时进行换位思考，用幽默打消对方的戒心、打开对方心灵的牢门，只有这样，才能把自己的口才能力完全展现出来。如果两个人一直处于矛盾之中，不去主动采取行动，用话语去感染对方，那么等待你的将会是残酷的恶果。幽默是内心的调味剂，幽默可以让彼此忘掉苦涩，重新找到化解矛盾的方法。

　　甘罗是秦朝著名大臣，而他的爷爷也高居宰相。有一年，甘罗的年纪还小，爷爷在后花园不停地走来走去，还不断唉声叹气。于是甘罗走了过去，问道："爷爷，您碰到什么难事了吗？"

　　爷爷叹了口气，说："孩子，你知道吗？不知大王听了谁的挑唆，硬要吃公鸡下的蛋，命令满朝文武想法去找，如果3天内找不到，大家都得受罚。"

　　甘罗也有些生气，说："秦王也太不讲理了！"

　　爷爷也点头说："哎，没办法，谁让他是大王啊！"

　　这时候，甘罗开动起自己的小脑筋，很快他便想出了一个办法，说："爷爷,您别急,我有办法,明天我替您上朝好了。"

爷爷禁不住他的执拗,最后只好答应了他。第二天早上,甘罗真的替爷爷上朝了,他不慌不忙地走进宫殿,向秦王施礼。

见到眼前的这个小娃娃,秦王非常不高兴:"怎么来了个小娃娃?小娃娃,我问你,你爷爷去哪里了?"

甘罗不慌不忙地说:"大王,爷爷要我告诉您,他今天不能来啦!他正在家生孩子呢,托我替他上朝来了。"

百官闻之,无不哈哈大笑,秦王也笑出了声,说:"你这孩子怎么胡言乱语!男人家哪能生孩子?"

甘罗说:"大王,既然您知道男人不能生孩子,那公鸡怎么能下蛋呢?"

秦王听完,想了想说:"对啊!"于是,秦王发出了"孺子之智,大于其身"的叹服,并封甘罗为上卿。当然,找"公鸡蛋"这件事自然也就不提了。

甘罗的一席话让秦王舍弃了找公鸡蛋的事,更把君王和大臣之间的矛盾化解开了。甘罗站在秦王的角度思考问题,然后用幽默的语言化解了秦王和自己爷爷的矛盾,这样的做法无疑是最有效果的。

想要化解矛盾,就要有换位思考的能力,要想他人之所想、急他人之所急,再加上幽默诙谐的话语,就算两个人之间有再大的矛盾,也能迎刃而解。

与人交往时,我们常常会因为一点儿小事而激起无名之火,最终和对方闹僵,变得一发不可收拾。很多矛盾都是从细节中不断演变过来的,我们要做的就是事先发现症结所在,然后换位思考,找到最适合的解决办法,只有这样,我们才能在不伤害别人的前提下把彼此之间的矛盾解决掉。

人活一世,没有十全十美的事情,只有我们尽全力去做,就能让事情趋于完美。我们常说,功到自然成,但是怎么样才算功到?这就需要我们在对方身上做足文章,只有这样,我们才能找到与人沟通的秘诀。

很多时候，我们总是喜欢看重自己而轻视别人，这样的结果就会让我们与身边人脱离，等待我们的将会是友情的不断流失。懂得站在别人的位置上去思考问题、看重别人，从另一种意义上说就是看重自己。只有先学会尊重他人，我们才能赢得他人尊重。

生活中也有很多这样的例子，比如下面这个故事。

有一天，约翰·威尔克斯先生坐火车出差，他坐在车厢里很有礼貌地问坐在身边的一位女士："我能抽烟吗？"女士很客气地回答："你就像在家里一样好啦！"约翰·威尔克斯先生看看手里的那支香烟，只好把它装进烟盒，将烟盒重新放回衣袋里，叹了一口气说："还是不能抽。"

当我们想要做一些和别人有关的事情或者是说一些和别人有关的话语时，我们最应该做的就是推己及人。不要主观地认为这些话语足够好，然后就去说，我们要先站在对方的角度去思考问题，只有这样，我们才能不冒犯他人，才能找到处理矛盾的最好方法。

冲突发生时，我们会变得急躁，如果在这时失去理智，等待我们的将会是冲突不断恶化的结果。不要带着情绪去说话，当冲突发生时，我们的情绪就会空前高涨，就会让我们失去理智，越是如此，就越需要我们冷静下来，换位思考，淡然处之，让恰切的言语为矛盾降温，只有这样，我们的人生才会变得美好。

寻找心灵的共鸣

人与人能够在茫茫人海相遇就是一种缘分，而相遇之后就会经历一段从陌生到熟悉的过程，这个过程可能长，也可能短。白发如新，倾盖如故就是这个道理。人与人交往就是一个从无到有、循序渐进的过程。

两人之间沟通要相互体谅，要学会找到两个人心灵的共鸣。交朋友最重要的就是交心，我们要找到对方感兴趣的话题，然后用恰当妥帖的语言开始渲染，让对方感兴趣的话题展现出一抹亮色，只有这样，对方才会看到我们内心的真诚，这样我们的心灵也才会产生共鸣。

2008年，一位中年女性为正在上小学的女儿买了一份少儿保险，每年交3600元，要交10年。钱倒不是问题，这位妇女是个精明人，她合计了一下，发现如果纯粹是为女儿在银行存钱，到时候不一定能领回来那么多。

所以，这位女性决定给女儿买下这份保险。然而就在合同履行期间却突然发生了一件事让她坚定地退了保。究竟发生了什么事情，导致原本已经签订的保单作废呢？

原来，当这位女性买完保险后，之前一直为她服务的那个业务员突然有事离职。后来，保险公司又指定了另一个女保险员来为她进行服务。可就是因为这位女保险员的言辞之过才导致了退保事件的发生。

这一年，这位妇女的保单到了续交保费的时候，于是那位女保险员上门来拜访她。很自然地，她把保单、保费收据等材料都拿出来给保险员审核一番。保险员看过后觉得没有问题，就又给她解说了一番那份保险的功能。

也许是为了让客户更加明白这份保单的重点，这位女保险员拿起红色荧光笔在保险条款上重要的位置上涂沫，除了在教育金条款上进行涂抹，她还喋喋不休地介绍了一番如果出现意外事故，保险公司该负的保险责任。

她说:"我们是这么规定的,如果您的女儿自杀,那么她将无法获得保险费。还有一些医学上的特殊疾病也不在承保范围。一旦您的女儿患上了这些特殊疾病,那么只能由自己承担。"

听完保险员的这些话,中年妇女非常不高兴,脸色也差了许多。等到保险员走后,她拿起保单,左看右看,更是觉得心里很不舒服,心想:我买保险是想给女儿准备将来的教育金,并不是想她出什么事自己好得到什么补偿。但现在,保单上的"意外事故"及其责任却被涂得异常刺眼。

一连好几个星期,这位妇女的精神状态都很差,耳边时常想起保险员的那些话。她总感觉到那些话仿佛诅咒一般,时刻困扰着自己。

终于,这位妇女无法忍受了。为了减轻自己的烦恼,她下决心去退保。

从这个案例中我们可以看出,在与人交往时,能说出恰当到位的言语是多么重要。既然如此,我们何不变换一种思路,找到让对方易接受的词语,让对方坦然接受,这样不是更好?我们的思维要灵活一些,要了解对方的禁忌和需要,只有这样,我们才能不得罪他人、才能赢得人心。

而当我们在指责他人的错误或是有求于他人的时候,要善于变通自己的说话方式。正说不行,不妨逆道而行,从反面巧妙地指出他们的错,这样,才能让问题得以解决,达到你说话的最终目的。

有一次,欧洲举办了童子军露营,而这次活动的负责人就是基尔夫,但是他认为自己还没有准备好,急需别人的帮助。就在这时,他把目光瞄准到了美国的一家大公司,希望他们能够慷慨解囊,帮他渡过这个难关。

为了能够让对方认可自己,基尔夫就对这家公司的大老板做了一番详细的调查。他了解到这位老板曾经签出过一张300万元的支票,但是最后他又宣布那张支票作废了,并且把这张支票装裱了起来,留作了纪念。

基尔夫了解到这一情况之后,嘴角扬起了一丝不易察觉的微笑,他知道这张支票就是取得老板认可的重要一环。

基尔夫来到老板办公室之后,先没有提出自己的要求,而是希望能够看一下这张被装裱起来且非常具有纪念价值的支票。

基尔夫笑着说:"您的这张装裱起来的300万元支票是我从来没有见到过的,我人生中第一次见到,感觉非常新奇,回去后我一定和我的童子军们转述这张支票,希望他们能够体会到您的良苦用心。"

听到基尔夫的赞赏,老板的话匣子就打开了,他马上跟基尔夫讲述这张支票的由来,并且越讲越兴奋,沉浸在一种快乐的氛围中。老板边说,基尔夫边用诙谐幽默的语言应对。等到老板说完,他才想起自己还不知道基尔夫此行的目的是什么,就问他:"你来找我有什么事吗?"

这时,基尔夫说出了自己的要求,老板很高兴地就答应了他的请求。

基尔夫非常聪明,他没有直来直去地说出自己的要求,而是先找到老板的兴趣所在,然后引导对方,让对方沉浸在美好的氛围中,这样一来,基尔夫再提出自己的要求,老板就没法再拒绝了。

找到对方的兴趣所在,唤醒对方的激情,只有这样,你才能完成一次心灵的交流。让对方感兴趣的话题是你在沟通中必须寻找的,找到对方的兴趣所在,找到沟通的最佳切入点,而这样的切入点正是打开对方心扉的最佳位置。

任何一个人都希望得到对方的重视、希望得到对方的认可,从而去找寻让两个人感兴趣的话题,而只有这样,你才能让两个人心与心的距离拉近,才能让你用自己的口才办成更多的事,而正因为这样,你才能让自己的舌头发挥出它最大的魔力。

适时运用调侃的言语，让火光温暖人心

调侃，就是让本来不可调和的矛盾变得可调和起来，让复杂的问题变得简单起来，这样，大事才会变小，小事才会变无。适时运用调侃的言语，让火光温暖人心，这样你才能让身边的人感到你的温暖，感到你的光亮。

苏格拉底和妻子在结婚之前谈了很长时间的恋爱，但是在结婚之前，他一直不知道自己的妻子脾气很坏，等到结婚之后，苏格拉底才发现他的妻子脾气非常不好，这让他感觉万事万物都不完美，但是他仍经常鼓励身边人结婚。

苏格拉底经常对身边人说："不管是好脾气的太太还是坏脾气的太太，都是促进我们成功的法宝。娶到脾气好的太太，我们可以终身幸福；娶到脾气不好的太太，那就更好了，那样一来，我们就可以成为'哲学家'了。"

苏格拉底的自嘲让我们看到了一位哲学家的幽默功力。

夫妻之间最重要的就是相互理解，当然，如果在理解的基础上再加上一些风趣的调侃，就可以让本来难以调和的夫妻关系变得云淡风轻。夫妻是要一起度过一辈子的，如果夫妻之间无法兼顾彼此、无法相互理解，还谈什么能共度一生？

平淡的生活中不乏精彩之处，这就需要我们时时用心，学会在言语中加上调侃幽默的因子，我们才能让感情更加深厚，也只有这样，我们才能发现更多的人生亮色。

有一对夫妻共同生活了20年，妻子为丈夫煮了20年饭。但是，丈夫发现最近妻子煮的饭菜越来越难吃了，不单单是口味不同了，就连菜也烧焦了。

丈夫默默地吃着，妻子知道这些都是她的错。当丈夫吃完之后，妻子

准备收拾碗筷离开。就在这时,丈夫冲了过来,把她紧紧抱住,在她脸上吻个不停。

妻子问他:"你今天这是怎么了?"

丈夫笑着说:"你今天做的饭菜和咱们刚结婚的时候做的一模一样,既然饭菜一样,那么现在,我就要把你当成新娘子对待了!"

丈夫的亲昵举动再加上一番柔情款款的话语,使得妻子融化在丈夫怀中,感受着浓浓的爱意。

生活中要注意调节气氛,不管是出现什么问题,我们都要主动想办法缓和双方的关系,只有这样,两个人的感情才不会冰冷。既然走到一起,就要相互体谅,人生岂能尽如人意,就算是"执子之手,与子偕老"的人之间也会发生摩擦,越是如此,就越需要你展现出自己言语中独特的魅力,让感情中迸射出来的火光温暖人心。

把握说话的尺度,过而易失

说话是我们内心活动的一种外在表达方式,是我们气度胸襟的一种体现,如果我们心胸宽广,说出来的话就必然会掷地有声,让人闻之动容。

不管是跟陌生人还是熟人,抑或是牵扯到利益关系的人,我们和对方说话的时候都要有一个尺度,如果超过这个尺度,好事也会变成坏事。说话要适度,过而易失,也许你滔滔不绝,自认为说的是好话,但是传到对方耳朵里,传得多了,对方的耳朵也会生茧、也会反感,这样,就会让言语起到相反的效果。

在卡耐基的培训班中,有一个名叫马热维兰的年轻学员。在参加培训班之前,他是一家公司的职员。虽然他是一个精力充沛、热情洋溢的人,但他的言辞却往往感动不了别人。

有一天下课后,马热维兰带着疑惑找到了卡耐基。他说:"老师,我在演讲时爱讲些小小的笑话,往往也能引起人们的笑声,却收不到很好的效果,您认为应该怎么改进呢?"

卡耐基意味深长地说:"问题正在这里,你体现了你的热情,这一点可以使你立于不败之地,但一些并不幽默而且会使你的演讲逊色的玩笑往往会适得其反。因此,摒弃那些玩笑吧,勇敢地表现你的真诚,那么你就会走向成功。"

生硬的调侃方式只会让人摇头苦笑,不仅不会起到让人快乐的效果,反而让人对你失去兴趣。我们常说物极必反,如果过于刻意,只会让我们背离自己的初衷。

如果你不会调侃,就让话语平实一点儿,不要故意矫揉造作,这样只会让你失去自己本应具有的优势。不必刻意去调侃,适度地与他人沟通,往往能够收到非常好的效果。

人生总有太多的无可奈何,有很多难以作出的选择,正因为此,我们才需要多锻炼自己的语言能力,准确把握说话的尺度。这会增加我们的个人魅力,会让一切问题变得简单。

一天,林灼灼陪女朋友郭林静一起逛街。这天天气很热,所以没走一会儿,林灼灼就已浑身是汗,一个劲儿地在一旁抱怨。

走到一家冷饮店门前,林灼灼实在走不动了,说:"咱们休息一会儿好吗?天气这么热。"

郭林静说:"才走了一个小时你就喊累啊!"

林灼灼说:"你们女人是天生的走路狂,我们哪能和你们比!"

不知道为什么,郭林静听完此话后突然变得异常暴躁,把东西往地上一扔,说:"哼,不想和我走,那你一个人走吧!谁稀罕和你逛!"

林灼灼摸不着头脑,迷惑地说:"你这是干什么?"

可是郭林静好像没有听见,依旧一个人站在一旁生闷气。这下子,林灼灼不知道该怎么办才好了,他发现路边有人正看着他俩,更是羞得脸红,于是有些凶巴巴地说:"别闹了,人家都看着呢,多丢人!"

林灼灼原以为这句话会让郭林静平静下来,谁知她扭过头,说:"你是什么意思?你的意思是说我在这里很丢你的人?"

林灼灼一愣,一时间竟无语相对。郭林静显得更生气了,说:"你怎么不说话?你是不是就是这么想的?你难道没看见我刚才不高兴吗?为什么你不会安慰我一句,反而说出那种话!"

"够了!"林灼灼终于忍无可忍,大声喊道,"我就是觉得你丢人,你丢人!"

顿时,郭林静的眼泪流了下来,她说:"我记住你这句话了!"说完,扭头就跑了。林灼灼颓然地坐在地上,他不知道刚才为什么会说出那种话。他不停地喃喃自语道:"怎么本来快乐的下午变成这个样子了?"

林灼灼的失败之处就在于说出了"别闹了,人家都看着呢,多丢人"的话。女孩儿本来就脸皮薄,加上正在气头上,听到这种话,怎能不更加生气?怎能不转身离开?

由此可见,不管是在生活中还是工作中,掌握说话的尺度是非常重要的。如果我们掌握不好,欠了火候,说出来的话就算是好话,也会因为阴差阳错而变成坏话,而这时就需要我们掌握好说话的尺度,只有这样,我们才能及时避免话语中所能出现的疏漏。

"说"出交易
——无意变有意，成交近在咫尺

> 谈判场如同战场，如果你不能坚守立场，不懂得说之道，就会淹没在对手的唇枪舌剑中。谈判时，你要简化关系，发现对方中的关键性人物，从而坚定立场、因地制宜、变化策略，这样你才能压制住对手，才能为自己谋求到最大的利益。
>
> 深谙说之道的人，会在不断交谈中发现对方的弱点，然后攻其不备，一击必中。虽然在谈判场上看不到刀光剑影，但是暗地里却上演着斗智斗勇的好戏。做最好的自己，发挥说之道的精髓，交易才会近在咫尺。

对事不对人，"说"出关键点

谈判的时候，我们有时候说话会非常不客观，因为我们会先对谈判的人有一个主观判断，然后再和对方去谈判，这样一来，我们的说话之道就不能客观地发生作用，而会在一个限制条件中发挥作用，这样，失败的阴影就会逐渐显现。

因此，只有对事不对人，"说"出关键点，我们才能掌握谈判的主动，才能够让一切问题变得简单。如果我们事先在脑海中先对谈判者有一个不好的评价,就算对方给我们以丰厚条件,处处对我们让步,我们也会觉得不能接受。人都是有思想的动物,每个人心中都有一个评价人的标准,但是你要知道,谈判桌就等同于沙场。拿破仑说过:"永远不要认为你的敌人是蠢笨的。"客观评价你的对手,良好地发挥说话之道,这样你才能让谈判顺利进行。

只有在客观看待一件事情的时候,你才能看到关键性问题。我们常说,当局者迷,旁观者清,关键就在于我们身处迷中而不自知,更不要谈什么客观评价了。只有从迷中走出来,客观看待一切,"说"出关键点,这样问题才会变得简单,而谈判也将会顺利进行。

谈判过程中,如果我们被偏见冲昏了头脑,那么等待我们的将会是失败给予的沉重打击。谈判桌是你表现自己聪明才智的最佳时刻。而谈判的致命武器就是沟通,你要通过你的语言找到对方的薄弱点,而不是因为自己对对方印象不好就打算放弃谈判。谈判中,你要收集对方的关键信息,并且能够及时发现对方的需要,这样你才能通过言语引导对方走到自己为其铺设的道路上来。

1990年,商人胡先生来到美国,参加某个大型产品展览会。看着一个个新奇的东西,胡先生兴奋不已,认定自己的致富机遇就要来了。这时,他被一个新式的电子产品吸引了,于是走过去准备和供货商谈判。

两个人来到小型会议室,开始进行谈判。这位供货商看到眼前的胡先生又黄又瘦,心里不免产生了一种轻视,他说:"我的东西很贵,你买不起的!"

胡先生明白供货商是在羞辱自己。可是,他没有掉头而去,而是思索了片刻,以一种不卑不亢的态度说:"哦,是吗?没关系,只要价格合理,我也一样会买。讲究商业道德的人是不会胡乱报价和提价的,您说是不是?"

供货商一愣,点头说:"是的,是的。"

胡先生说:"那么,这种商品的价钱是多少?"

供货商说:"100美元。"

胡先生做出大吃一惊的样子,说:"真的好贵啊!不过,这个东西的成本不会很高吧,是不是?我好像听说,现在这种技术已经民用了,成本降了很多,你说对吗?"

供货商更窘迫了,说:"是的……你要是真的想要,我可以给你适当优惠。"

胡先生说:"那70美元怎么样?你考虑下好吗?"

供货商没有说话,拿起计算机噼里啪啦地按了起来。这时候,胡先生又说:"这样的报价对你我都有利,是不是?"

这时,供货商抬起头,大笑着点了点头,毕竟他是一个商人,追逐财富才是第一目标。就这样,他们的生意谈妥了,胡先生以适当的价格拿到了这款产品在华地区的独家代理权。

胡先生的谈判成功就在于他能够客观评价对手,就算对方冷嘲热讽,他也能够稳如泰山,然后发挥自己的言语魅力为自己打出一片新的天空。胡先生说的每句话都能戳中供货商的要害,都能够说出关键点,正因为这样,谈判成功也就在情理之中了。

胡先生把言语的魅力发挥到了极致,他能够通过自己的提问把供货商说得哑口无言,让对方只能点头称是。胡先生具有杀伤力的话语征服了供货商,并且让对方同意了自己的要求,最终完成了这笔交易。

谈判场是你展现自我魅力的舞台,你要做的就是做最好的自己,展现出自己的言语魅力之道,只有这样,谈判才能顺利进行,而谈判场上所有出现的问题只是来衬托你最后的成功,而这一切都是你语言魅力的另外一种呈现。

"说"出最大利益，功到自然成

在谈判过程中，我们所要面对的最大问题就是利益，我们之所以和对方会出现利益冲突，关键就在于我们和对方谈判最根本的目的就是让自己获得最大的利益。我们每个人在谈判场上都希望获得最大的利益，这就导致谈判双方针锋相对，谁都不会让步。

现今社会，竞争日趋激烈，任何事情都是需要努力争取才能达成所愿的。谈判桌上，坐着的是利益双方，我们要做的就是展现出语言的魅力，"说"出特色，为自己争取最大利益。

你的语言在谈判桌上就是你的秘密武器，为了让自己得到最大的利益，说出一些让对方感到温暖的话语或者许给对方一些不重要的利益，然后让自己最大限度地得到重要利益。

1964年，松下电器公司下属有很多家销售公司、代销店等。在所有170家公司中，盈利的只有二十几家，其余的全部赤字经营。

作为松下的掌门人，松下幸之助当然不能无动于衷，他邀请了170个公司的代表召开了一次大规模的公司会议。会议一开始，销售公司、代销店方面就怨声载道，公司的经营方针成了最大的焦点，松下幸之助成了众矢之的。

松下幸之助一直站在讲台上和代表们交流。但逐渐地，交流变成了谈判，持续了两天，谈判双方始终没有达成一致。

就在第三天的谈判一开始，松下幸之助意外地说了一句话："使大家蒙受这样的损失是我松下不好。"然后向大家深深鞠了一躬。松下的态度让在场的所有销售代表都很意外，会场顿时鸦雀无声。松下没有继续前两天的讨论，而是讲了他30年前刚起家时的故事。

原来，松下在 30 年前制造了电灯泡，他跑到很多家商店，希望老板帮他销售，起初很多家商店都不同意，经过松下的一再请求后，很多老板同意了。后来，松下经过努力，终于制成了一流的电灯泡，而他的公司也有了很大的发展。

松下最后说："在座的很多代表就是当年的店主，松下电器能够有今天，多亏在座的各位，松下目前的难关能否渡过，还要请诸位多多关照。"

此时的松下幸之助早已声泪俱下，他的诚心感动了各位代表，再也没有人责怪他了，双方终于达成了一致协议。

松下电器是当时日本乃至世界一流的大公司，在危难面前，松下选择了放低姿态，让经销商理解自己的难处，他讲述了自己当初的经历，展现了语言的魅力，让他们站在自己的位置体会自己的难处。正因为这样，经销商才会选择放弃自己的部分利益，才会选择全力帮助松下渡过难关。

在谈判过程中，想要维护自己的利益，不单单需要运用自己良好的口才，还需要我们让话语直入人心，这样，对方才会体谅我们，才会愿意同意我们的建议。

任何事情都需要争取，尤其是在这样一个竞争的大环境中，想要让与自己有关的利益不被抹杀掉，就要对事对人进行全面有效的分析。尤其是薪酬和其他与切身利益相关的事情，我们要做的就是据理力争，为自己"说"出最大的利益，这样，对方才会走下台阶，和你达成意向。

2009 年年初，武汉某家大型外贸公司进行招聘，聘请一位销售总监。顾先生就是面试者之一，他的工作经验引起了公司的注意，最后决定与他签约。

签约前，顾先生和公司就薪金问题展开了讨论。顾先生期望能够拿到每月 10000 元的工资，可是，负责招聘的人事主管并没有招收这么高工资级别员工的权限。顾先生说："我希望贵公司能够为我提供 10000 元的月薪，据我对自身能力和行业状况的了解，我的要求并不过分。"

人事主管为难道："可是，目前我们公司给你的月薪标准是每月 6000

元。按照你的要求，如果我们给你提供10000元每月的工资，就相当于你的月薪一次性翻了一番，这在整个行业中都是没有先例的。当然，我们也有涨工资的机会。如果你做得好，那么涨工资的幅度位于10%~30%之间。"

顾先生笑了笑，仿佛对于这番说辞他早已了解。他平静地说："正是因为我之前的公司给我的薪水与我的贡献完全不匹配，我才来你们公司继续发展的。毕竟我也要养家糊口，如果工资太低，我实在不可能接受。当然，月薪10000元不必是实开，换算福利或是股票也可以，即便贵公司目前仅仅给我7000元每个月，我也是可以接受的。"

人事主管听完后立刻来了精神，说："的确，以你的实力来看，每个月给你10000元是完全合理的。但是我并不是老板，按照我的权限就只能给你7000元的月薪，至于剩下的就只能看你自己的表现了。不知道这样你是否满意？"

顾先生点了点头，说："好吧，那就7000元吧。"

这时，人事主管又面露难色："有些话我还要说在前面。7000元每月是我们能提供的最高数额，但是这个数我需要向董事会申报才行，这样的话会很麻烦，你觉得6500元怎么样？"

顾先生坚定地摇了摇头，说："不，我希望是7000元每个月。"

人事主管终于笑了，说："哎，你们这样的人才可真厉害！好吧，我答应你了！希望咱们未来合作愉快！你的口才这么厉害，看来将来谈判的事情要多靠你了！当然你放心，如果是分外工作，我们一定会给予奖励！"

顾先生的聪明之处就在于他牢牢掌握着主动权，例如"据我对自身能力和行业状况的了解"与"月薪10000元不必实开"这样的语言，就能把压力转给对方。毕竟，没有一家公司愿意看到人才流失，因此自然不会开价过低。但是，如果自己什么也不说，放弃选择权，那么你的身价一定会降低。

谈判时，最重要的就是要认为自己说的话都是正确的，知道自己是在为自己、为集体谋得最大的利益。只有能说、会说，你才能从谈判场中脱颖而出，才能让自己的利益变得越来越大，而你也将会因为谈判的历练而提高自己说话的能力。

拒绝靠"说"，不要被人带进死胡同

在谈判中，我们一定要学会说拒绝，这样会使我们的谈判条件水涨船高。并且，如果你是买方，你一定要时刻注意卖方会随时算计你，尽可能地使你一举成交。时间对卖方来说是不利的，但对你却是有利的。因此，如果你觉得条件不行，就要随时拒绝，这样会让对方将条件向上提，直到你满意为止。

谈判时，拒绝是一门艺术，不懂得拒绝的人，只会被对方带入死胡同，这样一来，对方只要稍微使出一点儿后续动作，你就会土崩瓦解，而谈判也将会以你的失败而告终。

拒绝需要你运用"说"的力量，直接拒绝对方的无理要求，让谈判重新回归到你规划的轨道中来，只有这样，你才能牢牢掌握主动权，才有信心去和对方谈条件。

哈维·麦凯曾为一位很棒的足球运动员安得做过免费经济人。当时，加拿大足球联盟的多伦多冒险者队和国家足球联盟的巴尔的摩小马队都在争取安得。

安得出生在一个黑人家庭中，有兄弟姐妹一共9人，家里非常贫穷。因此，麦凯决定一定要为他争取到最好的待遇，并且还得在两大老板间作出选择。当时，多伦多队的老板是巴赛特，他还是当地一家报社的老板，干得有声有色。而巴尔的摩队的老板是罗森·布伦，从事服装业和体育业，赚了不少钱。这两个老板的共同特点是富有、精明、争强好胜。

首先，麦凯让罗森·布伦知道，他要先跟多伦多队谈谈。见面后，巴赛特果然开出了一个很吸引人的价码。而麦凯凭直觉知道他们必须马上离开此地，到巴尔的摩去。因此，麦凯说道："非常感谢您能开这么高的价格，不过我想先考虑一下。"

巴赛特冷冷一笑，说："我开的价码只有在这房间里谈妥才算数，你一离开这个房间，我就立刻打电话给巴尔的摩的罗森·布伦先生，告诉他我对这个球员已经没有兴趣了。"

尴尬了一会儿之后，麦凯问道："我可不可以和我的客户商量一下？"

得到允许后，麦凯把安得拉到窗户旁，低声说："我们必须马上离开这里，到巴尔的摩去。你假装受不了刺激，精神快要崩溃了，或者我告诉他，我必须赶回明尼亚波利斯去交涉一些劳工问题。"

安得受不了金钱的诱惑，觉得麦凯的决定有点儿不可思议，结果，麦凯只好用处理劳工问题作为借口，才得以离开。临走时，麦凯向巴赛特保证，第二天一定会给他一个答复。

这时，巴赛特拿起了电话。安得以为他要给罗森·布伦打电话，吓得连气都不敢喘。还好他是找自己的秘书，他说："我们那3架小型喷气机在不在？派一架送麦凯和安得先生回明尼亚波利斯。"

这回，麦凯又尴尬得手足无措。他本想撒个谎，又被当场逮住，真是走到绝路了，于是他说："巴赛特先生，我想您别打电话到巴尔的摩去了，这桩生意我们不做了。"

安得当时差点儿气疯了。

第二天，麦凯和安得来到了巴尔的摩，和罗森·布伦签约，条件比巴赛特那边还要好。

就这样，安得加入了巴尔的摩队，并为其整整效力了10年，打进过两回超级杯比赛。后来，罗森·布伦把加盟职业队的权利卖给洛杉矶公牛队时，只带了一位球员跟着他到了加州，那位球员就是安得。

麦凯在这回谈判中之所以能够取得成功，很重要的一个原因就是他随时准备说"不"。在谈判中，巴赛特希望安得在离开他办公室之前签约，是因为他知道罗森·布伦提供的条件比他要好。一个精明的商人单凭直觉就知道在这种情况下决不能签约，因此他用说"不"换来了最终的最优条件。可见，在谈判中一定要学会说"不"，只有这样才会让对方重新考虑你的建议，从而使结果更有利于自己。

当然,谈判中的拒绝并不是一个简单的"不"字所解决得了的,你首先要考虑到如何拒绝方能不影响谈判的顺利进行。这就需要掌握有效的谈判拒绝技巧。

在谈判中知道如何拒绝、知道何时拒绝,会对你在谈判中所处的地位起到调整作用。比如,如果你善于运用此道,就能给对方一种深不可测的感觉,从而对你望而生"畏",使你在谈判桌上占尽"地利"。

想要在谈判中用好拒绝,首先要敢于说出"不"。当你想拒绝别人时,心里总是想"不,不行,不能这样做,不能答应"等等,可是嘴上却不敢明说,只能含糊不清地说:"这个……好吧……可是……"这种口不应心的做法,一方面是怕得罪人,另一方面过于直率地拒绝每一个问题也不利于待人接物。但是你要知道,在谈判中有勇气说"不"其实是一种以退为进的妙招。比如针对对方的报价,你可以略显惊讶地说:"噢!不,这不应是贵公司的实际价格,这一价格不仅出乎我们的意料,而且与国际市场上同类品牌产品相比也高出许多。"这就告诉了对方:我们对同类产品的国际价格掌握得很清楚;我方不会接受你们的报价。而对方听了回答之后就会重新考虑报价问题。

其次,拒绝的时机很重要。敢于说"不",并不是鼓励每一个谈判者必须好战、事事与对方争论。实际上,在谈判中过于争强好胜只会破坏双方的合作。因此,在谈判中,你可以说"不",但必须有所讲究。

一位律师曾经帮助一名房地产商人进行出租大楼的谈判,由于他知道在何时说"不"以及怎样恰当地说"不",从而取得了不俗的效果。

当时有两家实力雄厚的大公司对这栋大楼都表示出了浓厚的兴趣,两家公司都希望将公司迁到地理位置较好、内外装修豪华的地方。律师思索一番后,先给A公司的经理打电话说:"经理先生,我的委托人经过考虑之后,决定不做这次租赁生意了,希望我们下次合作愉快。"然后,他给B公司的老板打了同样的电话。

当天下午,两家公司的老板同时来到房地产公司,经过一番讨价还价之后，A、B两家公司以原准备租用8层的价码分别只租用到了4层。很显然，房地产公司的净收入增加了一倍，相应地，律师的报酬也增加了一倍。

谈判中，讨价还价的现象在所难免，这就需要你学会拒绝，不要总是按照对方安排的道路走。拒绝并不是要撕破面子，而是要在照顾到对方面子的基础上发挥说话的能力，这样你才能让问题变得简单。

谈判过程中，出现问题是在所难免的。有时对方提出的要求或观点与自己的相反或相差太远，这就需要拒绝。有位知名的谈判专家曾说过："谈判是满足双方参与彼此需要的合作的过程。在这个过程中，由于每个人的需要不同，因而会呈现出不同的行为表现。虽然我们每个人都希望双方能在谈判桌上默契配合，你一言，我一语，顺利结束谈判，但是谈判中毕竟是双方利益冲突居多，彼此不满意的情况时有发生，因此对于对方提出的不合理条件，就要拒绝它。"

但若拒绝得过于死板、武断甚至粗鲁，则会伤害对方，使谈判出现僵局，导致两败俱伤的结果。高明的拒绝应是审时度势、随机应变，有理有节地进行，在恰切的言谈中让双方都有回旋的余地，使双方达到成交的目的。

简化关系，和关键人物进行谈判

谈判的时候，你要分析好对手的情况，要找到对方拥有最高决策权的关键人物，这样，定点定位，你才能把问题解决掉。简化人际关系，为的就是让谈判变得轻松起来，有经验的谈判高手能从对方的言行举止甚至一个字或者一个动作，就能判断出这个人在对方团队中的位置。

用沟通让你的语言发挥出魅力，让谈判中的一切流程的层次感清晰，这样，你才能抓住对方的关键性人物。认真分析，一层一层去剖析对方中的各个人物，逐渐发掘出他们中最高端的人物，和他们去谈判，你才能一击必中。

和一个不重要、没有决策权的人去谈判,无疑在浪费你的时间。谈判时,不要打无准备之仗。对方谈判桌上坐着一个人,我们应该怎么办;有两个人,你应该怎么办……学会简化关系,充分发挥言语的魔力,让谈判过程中的一切人际关系都变得简单而明了。

在谈判过程中,只有找对人,我们才能把正确的话说给正确的人听,才能用自己的说话之道打动他们。

简化关系,读懂谈判桌上的春秋;抓住关键人物,然后利用说话之道说服对方,这样我们才能立于不败之地。

一次,在费城举行宪法会议,会议中分为赞成派和反对派,讨论非常激烈。由于出席者有着各方面的差异,利害关系各异,因此在会议中充满了火药味儿和互不信任的气氛。凡是出席者的言辞都很尖锐,甚至还有人身攻击。

就在会议谈判即将破裂的时候,持赞成意见的富兰克林适时地站了出来,他不慌不忙地对人们说:"事实上,我对这个宪法也并非完全赞成。"富兰克林此话一出,会议纷乱的场面立即停止了,反对派人士都用怀疑的眼光看着富兰克林。富兰克林停了一会儿之后,继续说道:"对这个宪法,我并没有信心,出席本会议的各位代表也许对于细则还有些异议,不瞒各位,我此时也和你们一样,对这个宪法是否正确抱有怀疑的态度,我就是在这种心境下来签署宪法的……"经他这么一说,反对派激动和不信任的态度终于平静了下来,他们反而想让时间来验证一下它是否正确。就这样,美国宪法最后终于顺利通过了。

富兰克林是这次谈判中的关键人物,正因为反对派没有简化关系,没有发现富兰克林的重要性,才使得他能够在反对派毫无防范的时刻站了出来,用自己的言语魅力使其改变立场。

谈判时,你要对自己有信心,因为你要做的就是用说话之道的技术击倒对手,只有这样,你才能够从混沌的谈判僵局中发现对手的弱点,发现对手中的重要人物,然后适当施压、适当说服,让对方不敢轻易向你发起攻势。

与人沟通时就要体现出言语的精髓来,尤其是在谈判的关键场合,你要做自己的主人,适当的时候,你要学会发现机会,要学会把握机会,只有这样,成功才会青睐你。